주니어 셰프 & 파티시에

송보가, 윤선혜, 고경미, 이은진, 황윤희 지음

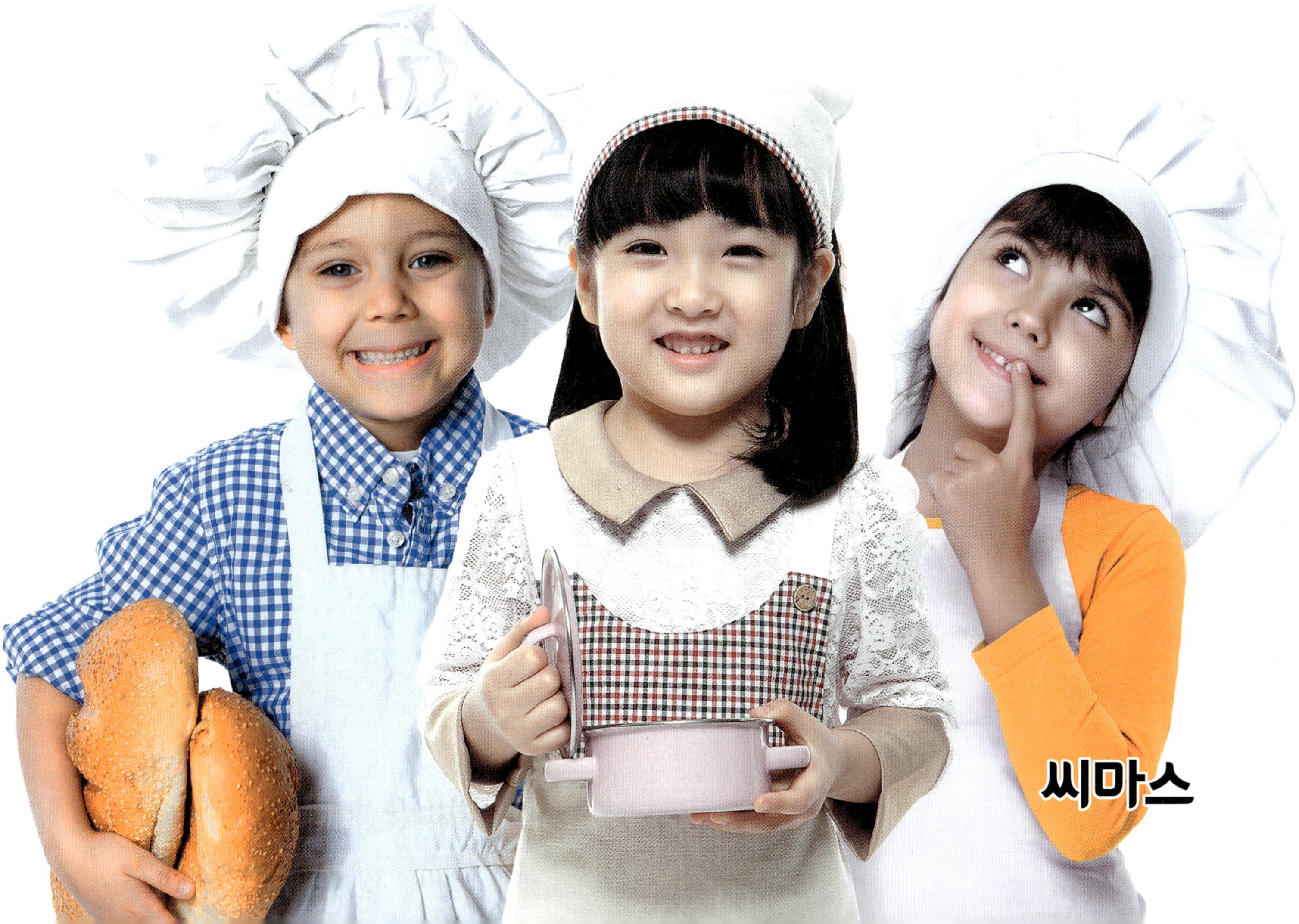

셰프 1편

씨마스

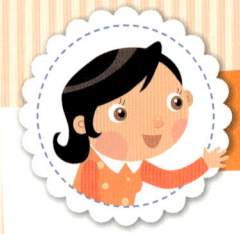

선생님을 소개해요!

✽ 송보가

현재 하는 일 : 한국식생활교육원 원장

예전에 한 일 : 아동요리 지도자 양성과정 강사(노동부 계좌제)
바른먹거리 지도자 양성과정 강사(노동부 계좌제)
조리직업전문학교 영양학 강사
평생교육기관 식생활교육 강사

공부한 학교 : 숙명여자대학교 대학원 전통식생활문화 전공 석사
중국어학과, 식품영양학과 전공 학사

이수한 교육 과정 : 궁중음식 초급·중급 과정, 사찰음식 정규 과정,
생활 다도 기초 과정, 로하스 전문 영양사 과정 이수

보유 자격증 : 영양사·위생사 면허증, 한식·양식·일식·중식조리, 복어조리,
제과·제빵 기능사, 푸드 코디네이터, 바리스타, 채소 소믈리에,
아동요리 교육지도사, 편식지도자, 요리치료 지도자 자격증

✽ 윤선혜

현재 하는 일 : 한국식생활교육원 부원장
꿈담 교육농장 부원장
방과 후 아동요리 우수강사
특수아동 요리치료강사

예전에 한 일 : 아동요리 지도자 양성과정 강사
조리직업전문학교 교육강사

공부한 학교 : 숙명여자대학교 대학원 전통식생활문화 전공 석사
가정교육학, 호텔조리학과 전공 학사

이수한 교육 과정 : 전통음식문화 연구원 전통음식문화 지도자 과정

보유 자격증 : 가정·조리 2급 정교사 교원 자격증, 보육교사 1급, 직업능력개발훈련 교사
조리 3급, 한식·양식조리, 제과 기능사, 바리스타, 아동요리·식생활·소통요리
교육사 자격증 등

✳ 고경미

– 한국식생활교육원 연구원
– 아동요리지도자협회 요퍼먼스 교육강사
– 현재 방과 후 아동요리 우수강사

✳ 이은진

– 한국식생활교육원 연구원
– 한식·양식·중식조리, 제과·제빵 기능사 자격증
– 현재 방과 후 아동요리 우수강사

✳ 황윤희

– 한국식생활교육원 연구원
– 한식·양식조리 기능사 자격증
– 현재 방과 후 아동요리 우수강사

*포토그래퍼 **유진호**
– 한국식생활교육원(온라인 연구원)

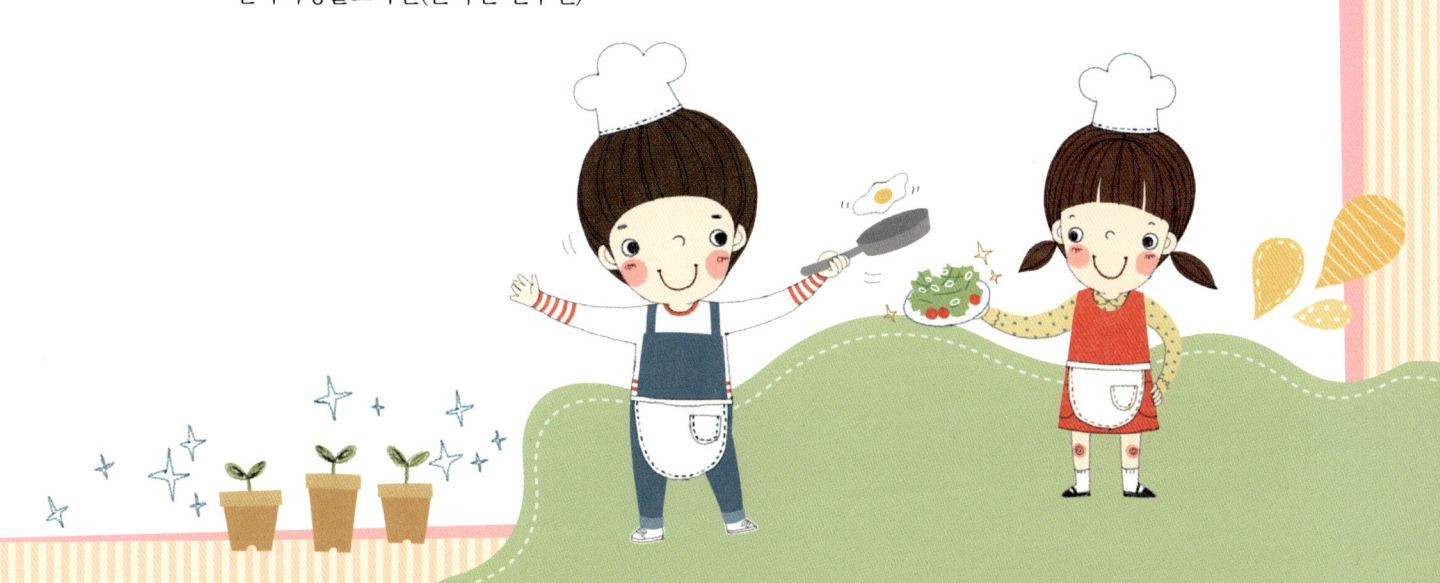

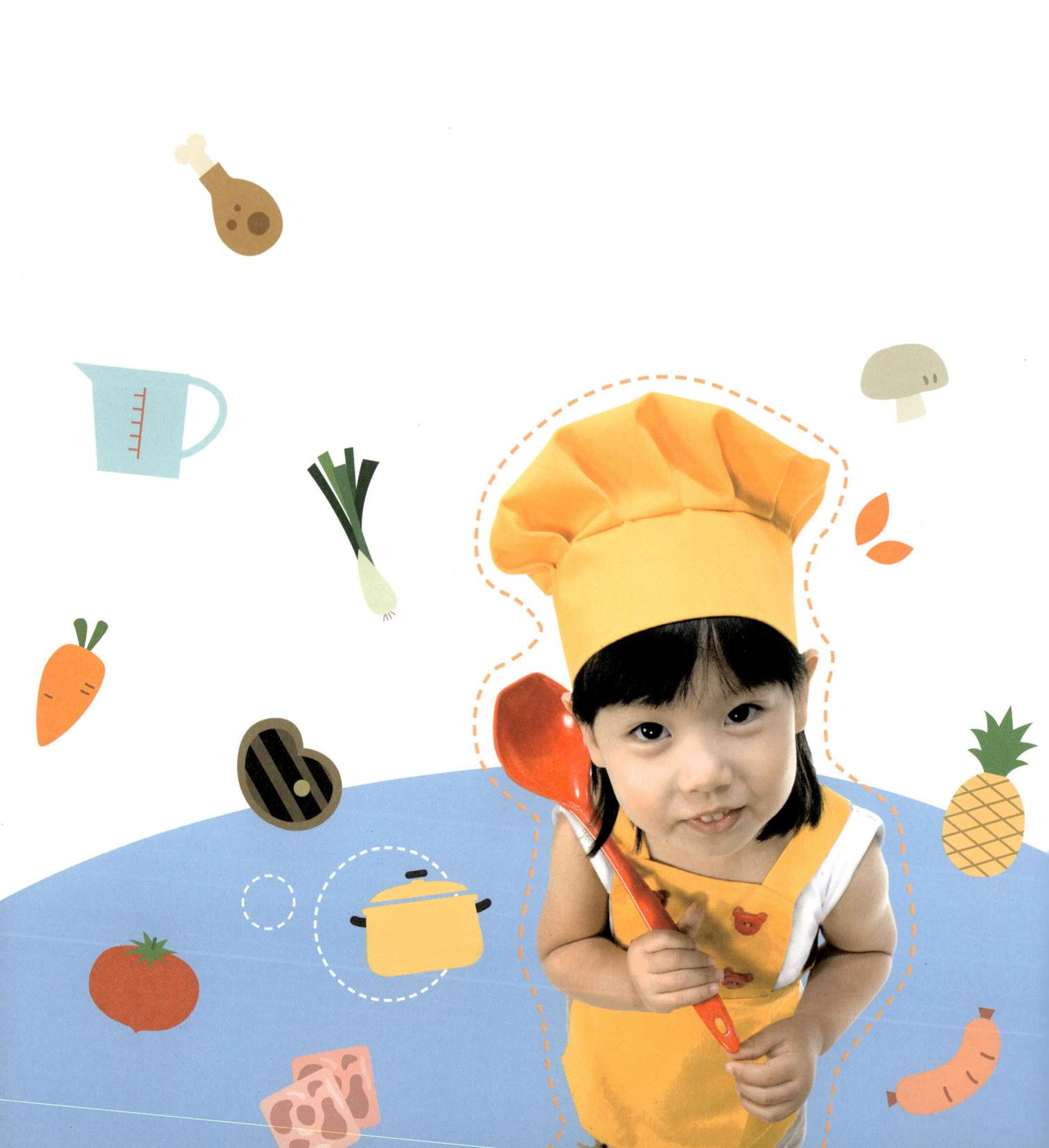

머리말

우리가 무심코 먹는 먹거리는 하루의 삼시 세끼가 차곡차곡 밑거름이 되어 우리의 아이들을 길러 냅니다. 먹거리는 신체적인 건강뿐 아니라, 정신적인 건강까지 만들어 내는 우리 아이의 성장 원동력입니다.

먹거리의 영향을 가장 많이 받는 "주니어" 시기에,
스스로 바른 먹거리에 흥미를 가질 수 있도록
다양하고 재미있는 요리 관련 역사, 과학, 미술, 수학, 동화, 세계 여행, 오감 발달, 인성 발달, 사회성 발달, 전통 문화 체험, 식생활 교육, 조리 원리, 직업 체험 등의 영역으로 다양한 주제와 맛있는 생각들을 얻을 수 있도록 이 책을 구성하였습니다.

저희는 우리나라의 건강한 식생활을 실천하는 주니어들을 꿈꾸며 바른 식재료와 식료품을 선별하고, 바른 먹거리를 만들어 먹고, 올바른 식습관을 기르며, 이를 생활화할 수 있도록 프로그램을 개발하였습니다.
직업 활동 체험이 가능한 주니어 셰프 프로그램은 크게 셰프와 파티시에, 마스터 셰프 편으로 구분되며 이를 주제로 호기심 가득한 요리 활동을 통해 올바른 식습관을 길러 건강한 주니어가 되는 데 조금이나마 도움이 될 수 있기를 바랍니다.

『주니어 셰프 & 파티시에』로 재밌게 공부하고 활동하며, 즐겁게 동영상도 찾아보시기 바랍니다.

한국식생활교육원에서
저자 일동

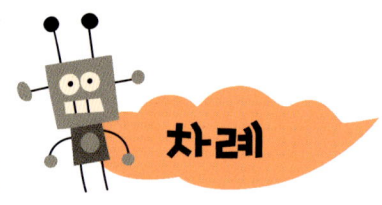

차례

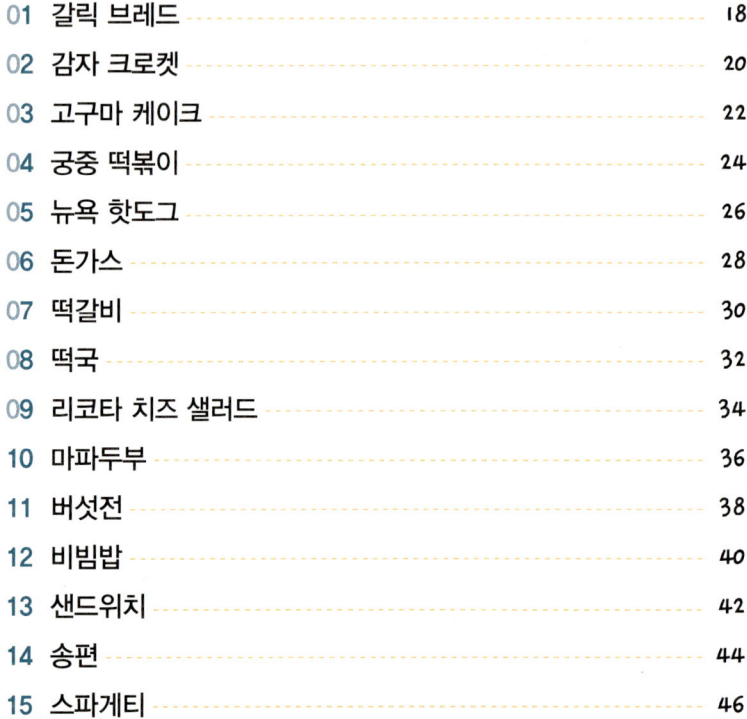

주니어 셰프편

✿ 직업 안내 | 주니어 셰프(Junior Chef)는 누굴까요?

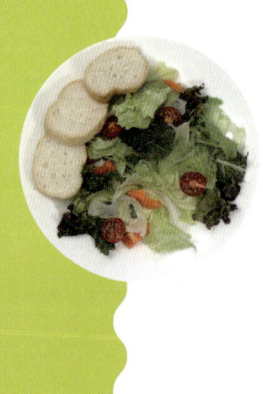

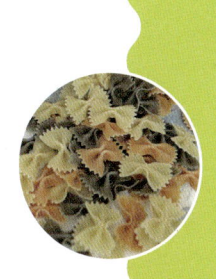
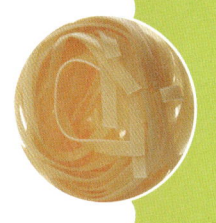

스티커 1 요리 재료

스티커 2 요리 도구

스티커 3 요리 이름표

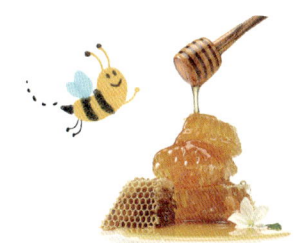

이렇게 준비해요!

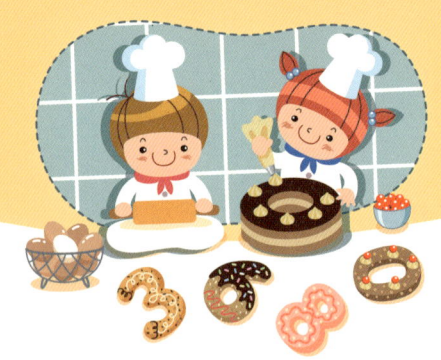

 주니어 셰프 / 주니어 파티시에 시험 안내

1. 시험 일정
• 시험은 1년에 4번(5월, 8월, 11월, 2월 말경) 있어요.

2. 시험 접수 방법
• 시험 접수 및 문의 사항은 www.ikde.co.kr에서 할 수 있어요.
• 시험 접수 기간은 원서 접수 첫날 아침 10시부터 마지막 날 저녁 6시까지예요.
• 주니어 셰프와 주니어 파티시에는 시험 일정이 다르므로, 응시하고자 하는 시험 일자와 장소를 꼭 확인해 주세요.
• 원서 접수 후에는 시험 일자와 장소를 꼭 기억해 주세요.

3. 시험 진행 방법
• 수험자는 자신의 수험 번호와 시험 일자와 시간 및 장소를 정확히 확인하고, 시험 시간 30분 전에 시험장에 도착해 주세요.
• 출석을 확인한 후 등번호를 배정받고, 감독 위원의 지시에 따라 시험장에 입실해 주세요.
• 필기시험을 먼저 볼 거예요.
• 필기시험을 볼 때는 다른 친구들의 시험지나 요리책을 보면 안 돼요.
• 필기시험이 끝나고 30분 후, 실기 시험이 이루어져요.
• 실기시험을 볼 때는 대기실에서 위생복이나 앞치마로 갈아입고 기다려 주세요.
• 출석을 확인한 후 등번호를 배정받고, 감독 위원의 지시에 따라 실기시험장에 입실해 주세요.
• 배정받은 등번호대로 준비된 조리대에서 조리 기구와 수험자의 준비물을 정리정돈하고, 차분한 마음으로 시험을 준비해 주세요.
• 재료를 지급받으면 이상이 없는지 확인하고, 이상이 있으면 감독 위원에게 알려서 시험이 시작되기 전에 문제를 해결할 수 있도록 하세요.
• 수험자는 요구 사항을 충분히 이해하고, 정해진 시간 내에 지정된 요리를 완성해서 제출해 주세요.

주니어 셰프 시험의 검정 기준

응시하는 종목에 대하여 올바른 지식을 가지고 있으며, 음식을 만들고, 먹고, 나누는 것을 즐기는 자로, 바른 식재료 선별법과 조리 원리를 이해하고, 이를 바르게 실천하기 위한 식습관을 습득하여 올바른 식생활을 숙련되게 수행할 수 있는 요리 능력의 유무를 확인합니다.

 ## 주니어 파티시에 시험의 검정 기준

응시하는 종목에 대하여 올바른 지식을 가지고 있으며, 음식을 만들고, 먹고, 나누는 것을 즐기는 자로, 바른 식재료 선별법과 제과·제빵의 조리 원리를 이해하고, 이를 바르게 실천하기 위한 식습관을 습득하여 올바른 식생활을 숙련되게 수행할 수 있는 베이킹 능력의 유무를 확인합니다.

 ## 주의 사항

1. 시험 전날 준비 사항

• 수험자는 준비물을 꼼꼼히 챙겨 주세요.(앞치마 또는 위생복)
• 장신구(시계, 반지, 팔찌) 등의 착용과 매니큐어는 하지 않습니다.
• 위생복 또는 앞치마는 깨끗하게 준비해 주세요.
• 책 속의 회색 글씨를 따라 적으며 열심히 공부한 「주니어 셰프 & 파티시에」를 준비해 주세요.

2. 시험 당일

• 수험자는 자신의 수험 번호와 시험 일자와 시간 및 장소를 확인하고, 시험 시간 30분 전에 시험장에 도착해 주세요.
• 출석을 확인한 후 등번호를 배정받고, 감독 위원의 지시에 따라 시험장에 입실해 주세요.

3. 실기시험장에서의 주의 사항

• 배정받은 등번호 대로 준비된 조리대에서 조리 기구와 수험자 준비물을 정리정돈하고, 차분한 마음으로 시험을 준비해 주세요.
• 조리 기구를 사용할 때는 안전에 주의하고, 특히 손을 다쳤을 경우에는 바로 감독 위원에게 알려서 조치를 취해 주세요.(시험 점수에는 반영되지 않으니 걱정 마세요.)
• 지급된 재료는 추가 지급되지 않아요.
• 요리가 완성되면 감독 위원이 지시하는 장소로 제출해 주세요.
• 요리 제출 후에는 본인의 조리 작업대를 깨끗이 청소하고, 조리 기구를 정리정돈한 후 감독 위원의 지시에 따라 퇴장해 주세요.

이 책은 이렇게 활용해요!

  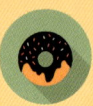

만들 요리의 이름이에요.

1인분을 기준으로 만들 요리에 필요한 식재료들이 적혀 있어요. 재료의 계량은 상황에 따라 변경할 수 있어요.

요리를 만들 때 필요한 도구들이 적혀 있어요.

해당 요리에 관련된 궁금증을 해결할 수 있어요.

조리 과학, 세계 요리 여행, 수학, 동화, 미술, 역사, 자연, 영양 등의 다양한 영역에서 맛있는 지식을 얻을 수 있어요!

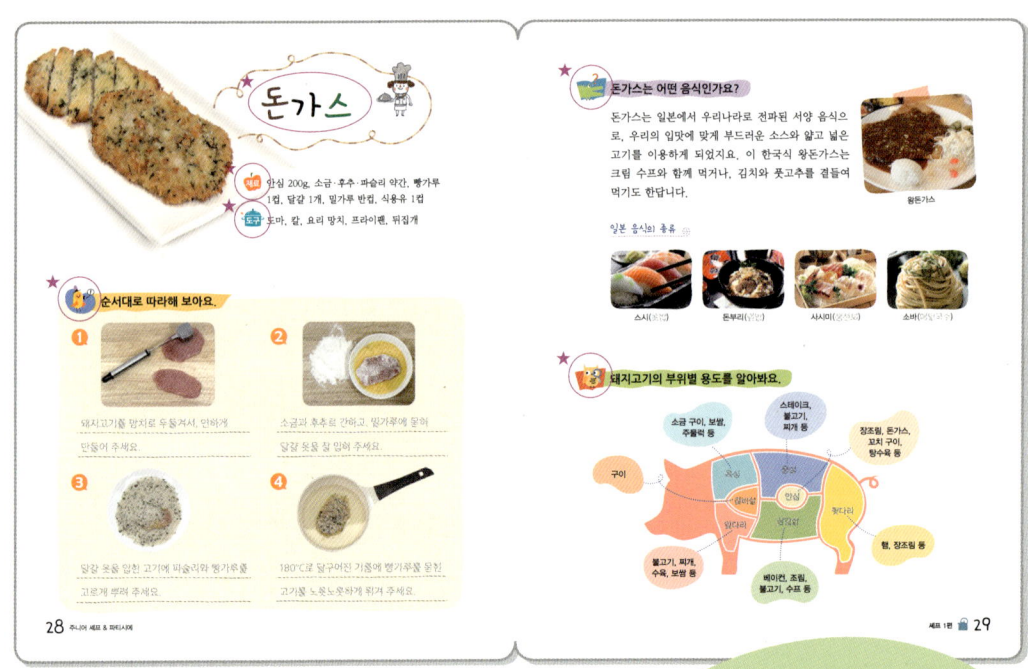

번호 순서대로 조리해 주세요. 4개의 순서로 부족한 부분은 동영상과 활동 내용을 참고해 주세요.

요리와 활동지를 완성한 후에는 더 맛있게 즐길 수 있어요. 오늘의 요리 과정을 모두 마치면 "주니어 셰프" 또는 "주니어 파티시에" 자격증에 도전할 수 있어요.

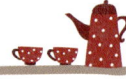

◎ 검색 창에서 코드 인식을 찾아 휴대전화의 카메라를 가까이 대면 동영상을 볼 수 있어요.

| 18쪽 갈릭 브레드 | 20쪽 감자 크로켓 | 22쪽 고구마 케이크 | 24쪽 궁중 떡볶이 | 26쪽 뉴욕 핫도그 | 28쪽 돈가스 |

| 30쪽 떡갈비 | 32쪽 떡국 | 34쪽 리코타 치즈 샐러드 | 36쪽 마파두부 | 38쪽 버섯전 | 40쪽 비빔밥 |

| 42쪽 샌드위치 | 44쪽 송편 | 46쪽 스파게티 | 48쪽 시시 케밥 | 50쪽 옛날 도시락 | 52쪽 오곡강정 |

| 54쪽 오이소박이 | 56쪽 오코노미야키 | 58쪽 월남쌈 | 60쪽 인절미 | 62쪽 잡채 | 64쪽 잼 파이 |

| 66쪽 짜장면 | 68쪽 찹쌀 파이 | 70쪽 초콜릿 스틱 | 72쪽 춘권 | 74쪽 커리 & 난 | 76쪽 케사디야 |

| 78쪽 크래커 치킨 너겟 | 80쪽 토마토 파에야 | 82쪽 파인애플 볶음밥 | 84쪽 편수 | 86쪽 피자 | 88쪽 햄버그스테이크 |

You-Tube에서 '주니어 셰프 & 파티시에'를
직접 입력해도 동영상을 볼 수 있어요.

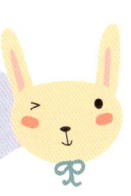

조리 도구

프라이팬		음식을 볶을 때 사용해요.
냄비		물을 넣고 끓이거나 삶을 때 사용해요.
도마		칼로 식재료를 썰거나 다질 때 사용해요.
칼		재료를 매끄럽게 썰어 줘요.
뒤지개		뜨거운 팬에서 음식을 뒤집을 때 사용해요.
찜기		냄비 속에 넣고 물을 끓이면, 뽕뽕 뚫린 구멍으로 뜨거운 김을 뿜어내어 음식을 익혀 줘요.
체		가루를 곱게 치거나, 물기를 뺄 때 사용해요.
볼		반죽을 하거나 여러 가지 재료를 섞을 때 사용해요.
오븐		쿠키나 빵을 뜨거운 열을 이용해 익혀 줘요.

🍎 썰기 방법

깍둑 썰기		요기로 봐도, 조기로 봐도 똑같은 네모 모양으로 잘라 줘요.
채 썰기		가늘고 길게 썰어 줘요.
다지기		아주 작은 네모 모양으로 잘라 줘요.
납작 썰기		한쪽은 얇게, 한쪽은 넓게 썰어 줘요.
반달 썰기		동그란 재료를 반으로 자른 후. 납작하게 썰어 줘요.

🍎 계량 도구

계량 스푼		한 큰술은 15ml, 작은술은 5ml예요. 액체나 가루 재료의 양을 잴 때 사용해요.
계량 컵		한 컵은 200ml이에요. 액체나 가루 재료, 고체 재료의 양을 잴 때 사용해요.
계량 저울		2kg까지 잴 수 있는 주방용 저울이에요. 컵이나 스푼으로 정확하게 재기 어려울 때 사용해요.

기본 양념

소금		짠맛을 내는 양념으로 고운 소금과 굵은 소금이 있어요.
설탕		단맛을 내는 양념으로 백설탕, 황설탕, 흑설탕이 있어요.
간장		메주와 소금물을 붓고 100일 이상이 지나면, 국물은 맛있는 간장이 되어요.
된장		메주와 소금물을 붓고 100일 이상이 지나면, 건더기는 맛있는 된장이 되어요.
고추장		메줏가루, 고춧가루, 찹쌀, 엿기름, 소금을 넣고 100일 이상이 지나면 맛있는 고추장이 되지요.
식초		과일이나 곡식을 발효시켜 술이 되기 전에 공기 중의 산소와 만나면 신맛으로 변해요.
참기름		참깨에서 짜낸 기름으로 고소한 맛이 나며, 친구로는 들깨로 만든 들기름이 있어요.
깨소금		참깨를 볶아서 갈아 놓은 것으로 고소하며, 짠맛의 소금은 아니에요.

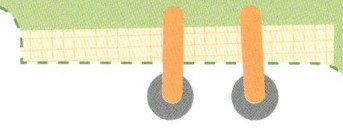

"주니어 셰프 & 파티시에"가 지켜야 할 위생 사항

1. 요리를 할 때는 개인위생을 철저하게 지키도록 해요.
2. 자신이 입고 있는 옷을 깨끗이 하고,
   항상 앞치마(위생복)를 입어요.
3. 요리 시작 전에 손을 깨끗하게 씻고,
   요리 과정 중에도 자주 씻어요.

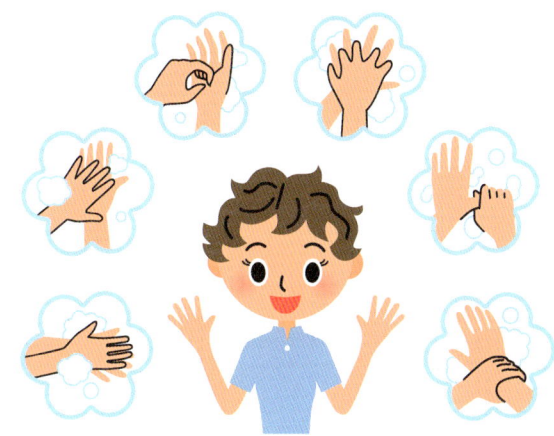

"주니어 셰프 & 파티시에"가 지켜야 할 안전 규칙

1. 칼은 식재료를 자를 때에만 조심해서 사용해요.
2. 수업 중에는 교실에서 뛰지 않도록 해요.
3. 가열 도구를 사용할 때에는 선생님과 함께 조심해서 사용해요.
4. 오븐을 사용할 때에는 뜨거울 수 있으니 가까이 가지 않고 멀리서 관찰해요.
5. 요리 시간에 친구들과 함께 사용하는 도구와 재료는 함부로 만지지 않아요.
6. 요리 재료와 완성된 요리는 소중히 다루고, 바닥에 떨어뜨리지 않도록 조심해요.
7. 젖은 손으로 전기 기구를 만지지 않도록 해요.
8. 선생님의 말씀에 귀를 기울이고, 집중하여 수업에 참여해요.
9. 요리 시간에 친구들과 장난을 치고 싸우지 않도록 해요.
10. 요리를 만들 때에는 떠들지 않고, 요리 과정에 집중해요.

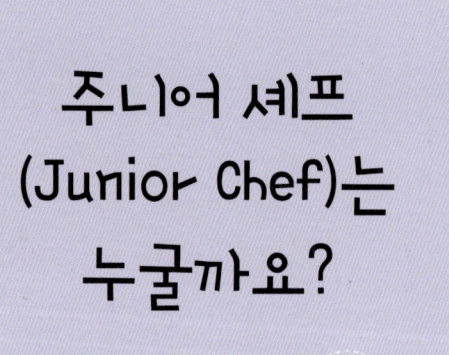

주니어 셰프 (Junior Chef)는 누굴까요?

건강한 식재료를 선별하고, 올바른 음식을 만들어 먹으며, 나누는 것을 즐기는 사람으로 실생활에서 바른 식재료(육류, 과일, 채소, 해산물, 유제품, 곡류, 유지, 음료, 향신료, 소스 등) 선별법과 조리 원리를 이해하고 이를 바르게 실천하기 위한 식습관을 연구하여 바른 식생활의 기본 수행 능력을 갖춘 주니어입니다.

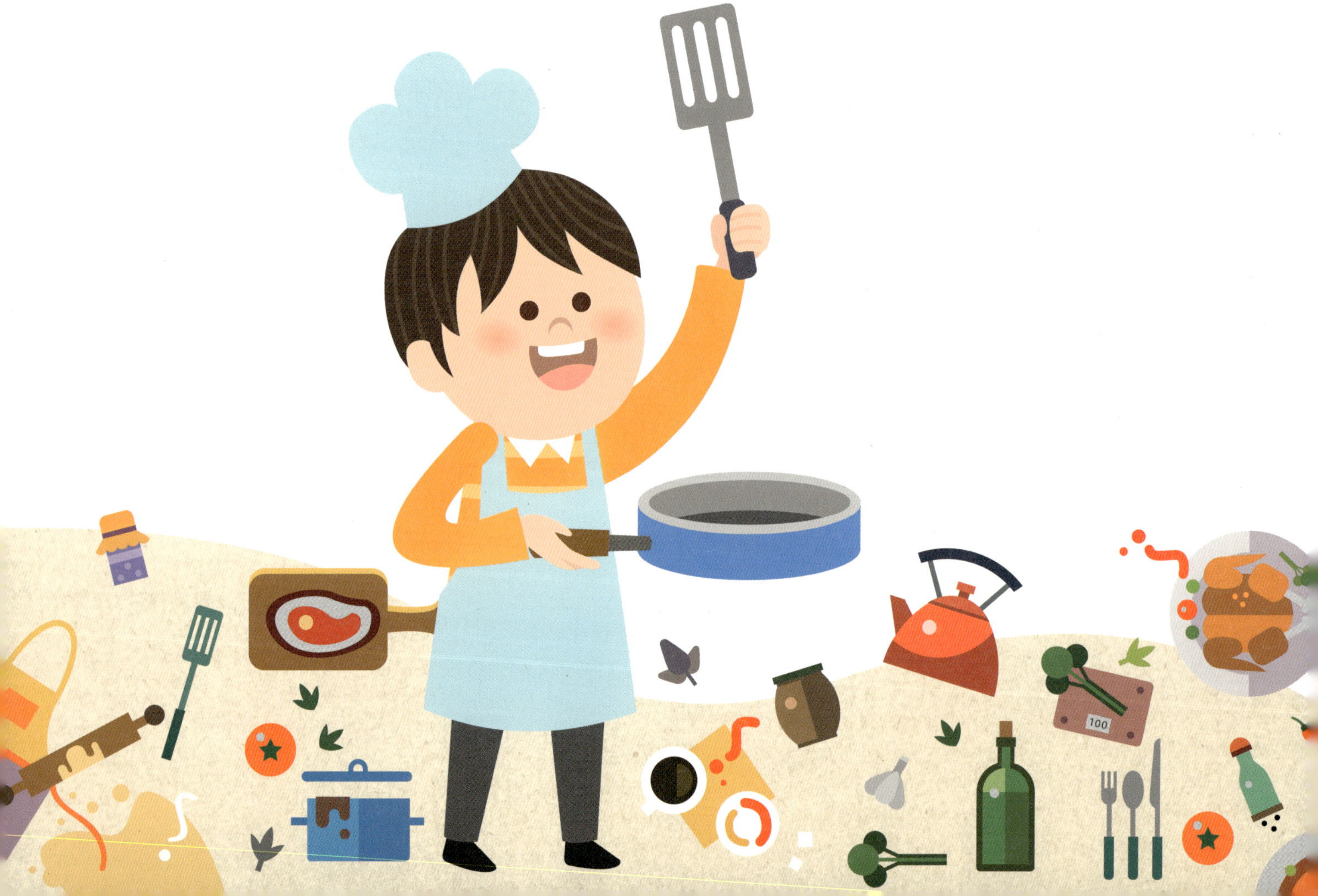

주니어 셰프

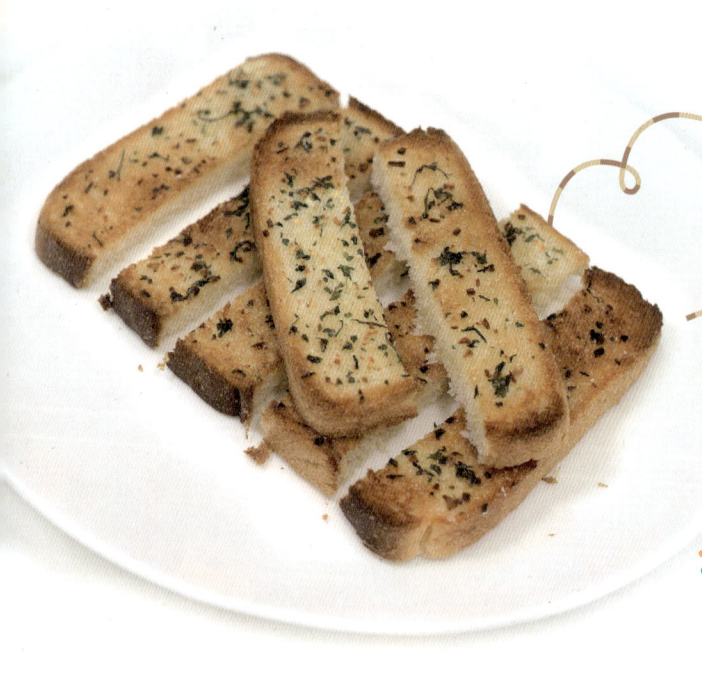

갈릭 브레드

재료 식빵 2쪽, 버터 2큰술, 설탕 1큰술, 마늘 1큰술, 파슬리 가루 1큰술, 소금 조금

도구 도마, 칼, 절구, 방망이, 볼, 거품기, 오븐

 순서대로 따라해 보아요.

1

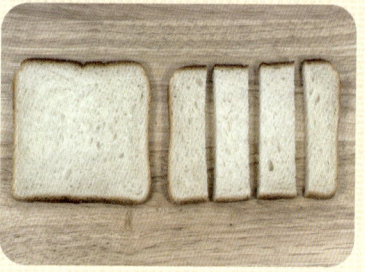

빵을 등분하여 잘라 주세요.

2

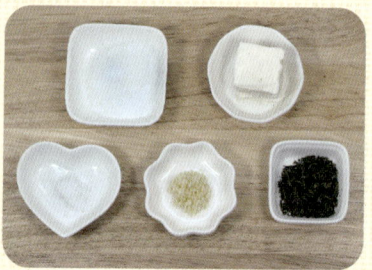

마늘은 절구에 찧어 주고, 분량의 재료를
모두 섞어 갈릭 버터를 만듭니다.

3

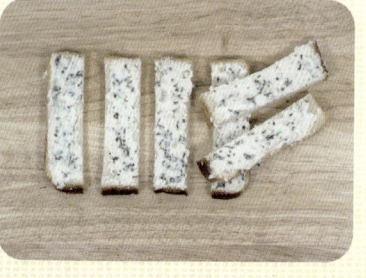

갈릭 버터를 등분한 식빵 조각에 발라
주세요.

4

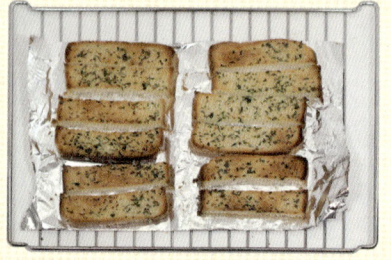

갈릭 버터를 골고루 바른 후, 달구어진
오븐에 구워 주세요.

 **마늘은 이래서 좋아요!**

1. 콜레스테롤 억제

• 마늘은 우리 몸에서 콜레스테롤이 만들어지는 것을 방해합니다.
• 더불어 다른 음식을 통해 이미 우리 몸에 들어와 있는
  콜레스테롤을 빼 주는 역할도 합니다.

2. 살균, 항균 작용

• 우리 몸에 나쁜 세균을 죽이는 역할을 합니다.
• 폐렴균에는 항균 효과가 있고, 기생충을 죽이는 역할도 합니다.

3. 노화 방지, 뇌 보호

• 마늘 영양소는 노화, 공해, 사고 등으로 인한 뇌 세포의 손상을 막아 줍니다.
• 또한 손상된 뇌 세포를 다시 살려 내기도 합니다.

세계 10대 푸드는 무엇일까요?

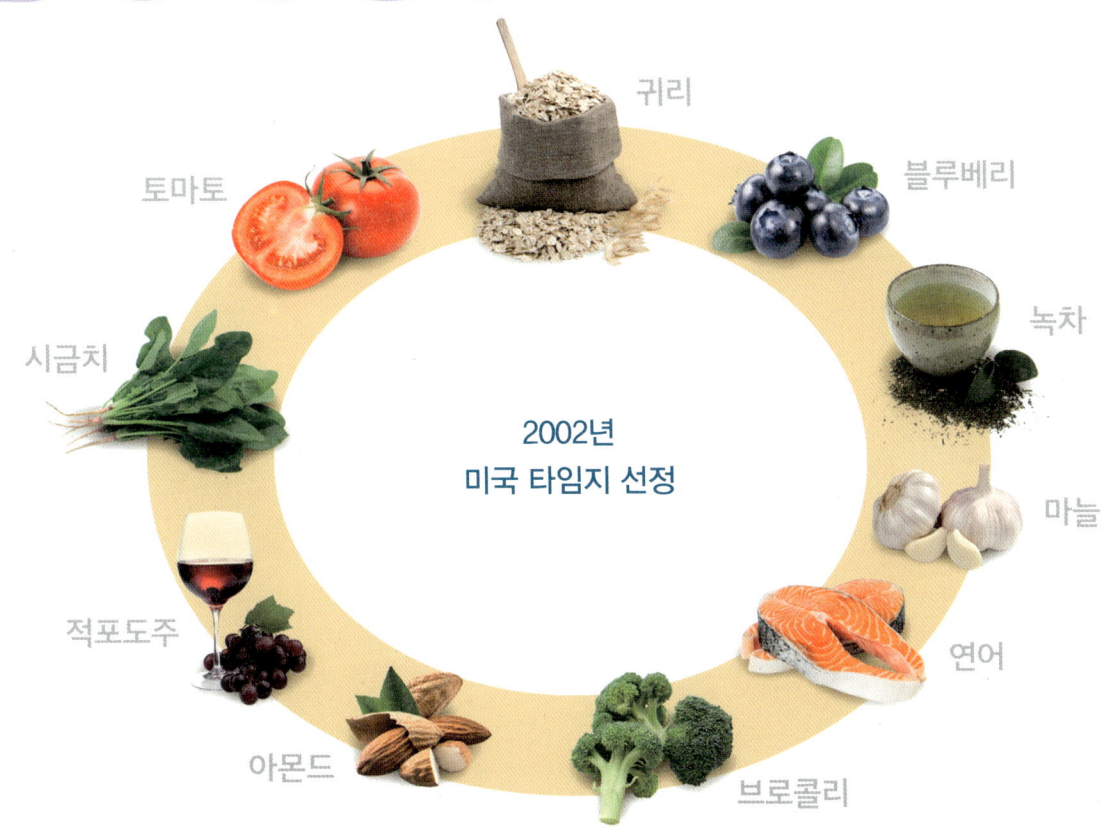

귀리
블루베리
토마토
녹차
시금치
마늘
2002년
미국 타임지 선정
적포도주
연어
아몬드
브로콜리

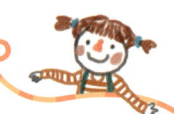

감자 크로켓

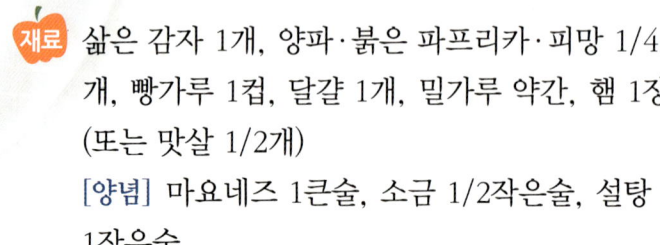

재료 삶은 감자 1개, 양파·붉은 파프리카·피망 1/4개, 빵가루 1컵, 달걀 1개, 밀가루 약간, 햄 1장 (또는 맛살 1/2개)

[양념] 마요네즈 1큰술, 소금 1/2작은술, 설탕 1작은술

도구 도마, 칼, 냄비, 체, 프라이팬, 뒤집개, 나무젓가락

 순서대로 따라해 보아요.

1

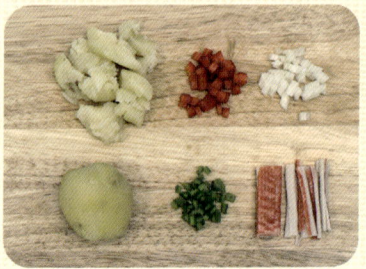

삶은 감자는 껍질을 벗기고, 채소는 작게 썰어 주세요.

2

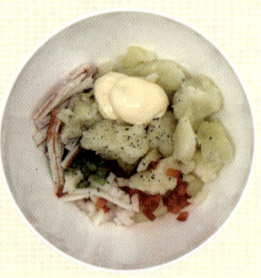

감자, 채소, 양념을 넣고 잘 섞어 주세요.

3

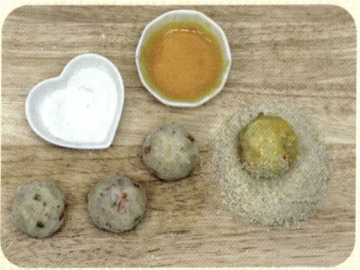

동글동글하게 빚어 밀가루→달걀→빵가루 순으로 묻혀 주세요.

4

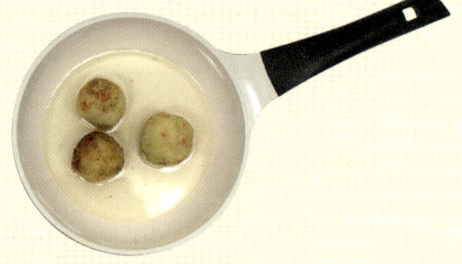

기름을 넉넉하게 붓고, 온도가 오르면 튀겨 주세요.

 **프랑스를 알아봐요.**

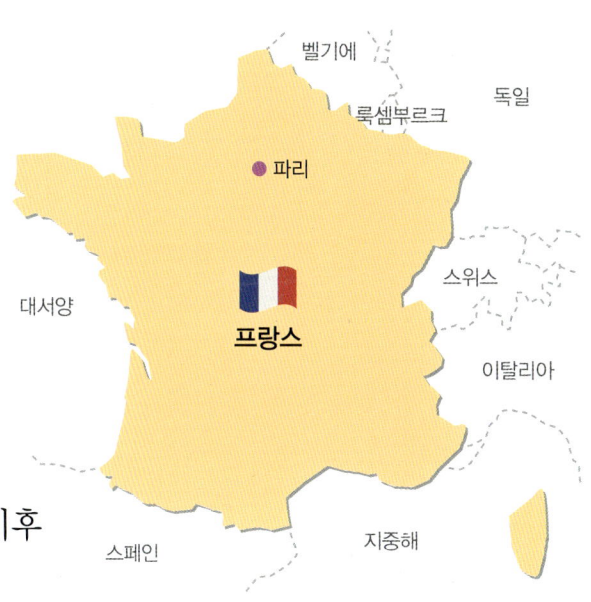

- ◎ **위치** 서부 유럽
- ◎ **수도** 파리
- ◎ **환율** 1유로 = 1,300원 정도
- ◎ **언어** 프랑스어
- ◎ **인구** 66,259,012명(2014), 21위
- ◎ **면적** 643,801 km², 43위
- ◎ **기후** 대륙성 기후, 지중해성 기후, 해양성 기후

다른 나라의 크로켓은 어떨까요?

크로켓은 프랑스 어로는 '입으로 물다'라는 뜻이에요. 으깬 감자와 다진 고기, 채소 등을 넣어 섞은 후 동글납작하게 만들어 튀긴 것이에요.

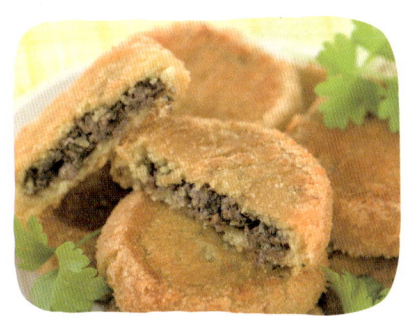

양고기가 가득한
중동의 감자 크로켓

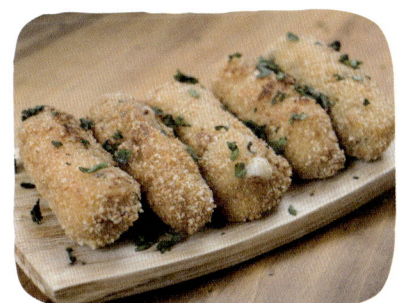

스페인 대표 크로켓,
타파스의 기본 모양

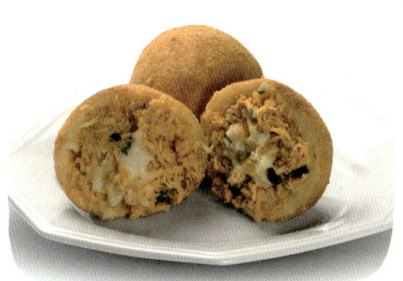

브라질의 치킨 크로켓

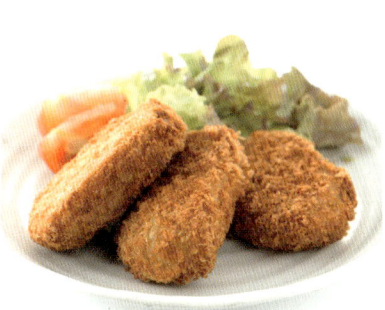

일본 크로켓

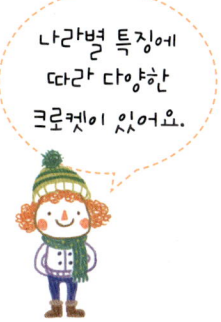

나라별 특징에
따라 다양한
크로켓이 있어요.

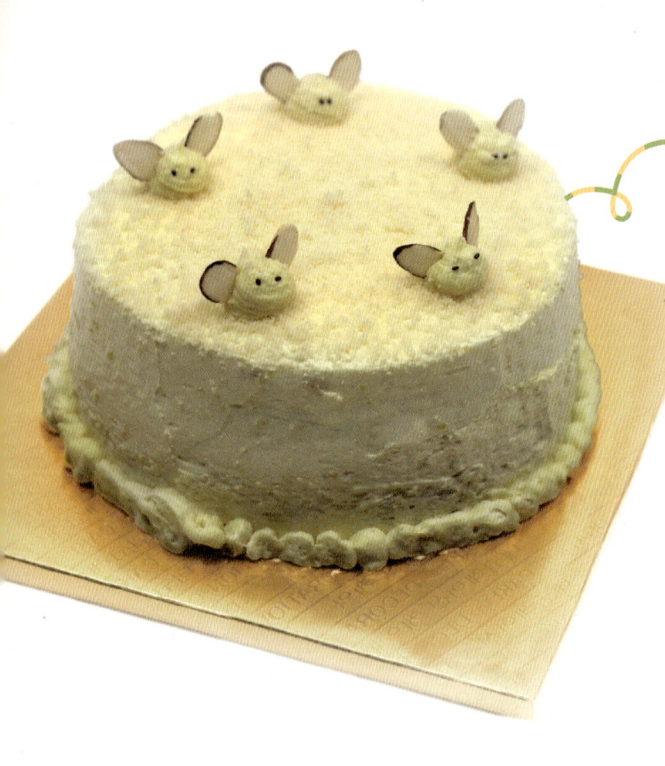

고구마 케이크

재료 케이크 시트 1장, 생크림 1컵, 고구마 무스 1/2 컵, 카스텔라·통조림 과일·슬라이스 아몬드· 검은깨 약간

도구 도마, 칼, 체, 짤주머니, 주걱, 케익판

 순서대로 따라해 보아요.

1
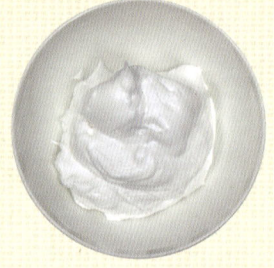
생크림을 만들어 주세요.

2
생크림을 바르고, 과일을 올려 케이크 시트를 반으로 잘라 케이크 시트를 덮어요.

3
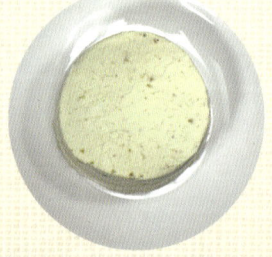
생크림에 고구마 무스를 섞어 케이크 시트 전면에 골고루 잘 발라 주세요.

4
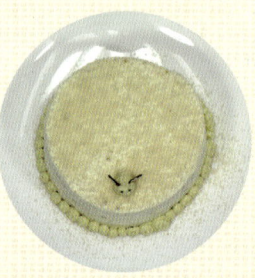
케이크 위에 생크림을 짜고, 토끼 모양으로 장식을 해 주세요.

슬라이스 아몬드로 귀를 만들고, 검은 깨로 눈을 만들어 보아요.

생크림과 휘핑 크림은 무엇일까요?

생크림 ⊚

우유의 지방 함량이 18% 이상 함유된
순 동물성 크림을 뜻해요.

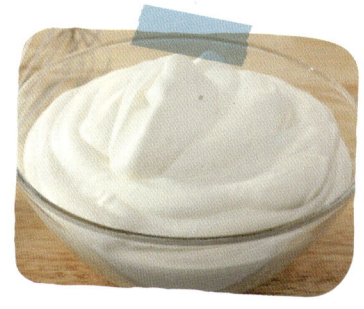

휘핑 크림 ⊚

동물성 크림에 식물성 안정제나 유화제 등을
첨가하여 식물성 지방으로 만든 것이지요.

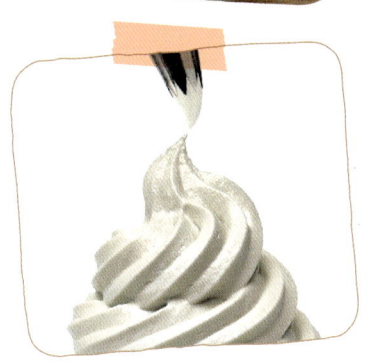

생크림은 왜 부풀까요?

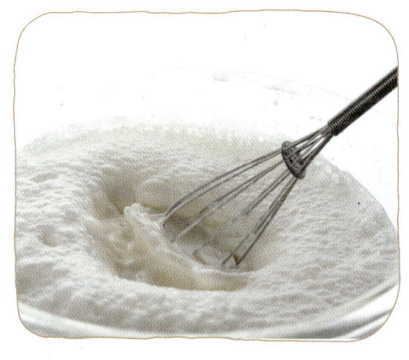

처음 거품을 일으켰을 때는 공기 방울이 크게
생기지요? 좀 더 저어 주면 공기 방울이 잘게
부서지면서 생크림 안에 더 많은 공기를 잡아
모으게 될 거예요. 이 공기들이 생크림 입자 안
에 포함되면서 부피가 커지는 원리랍니다!

유제품의 종류

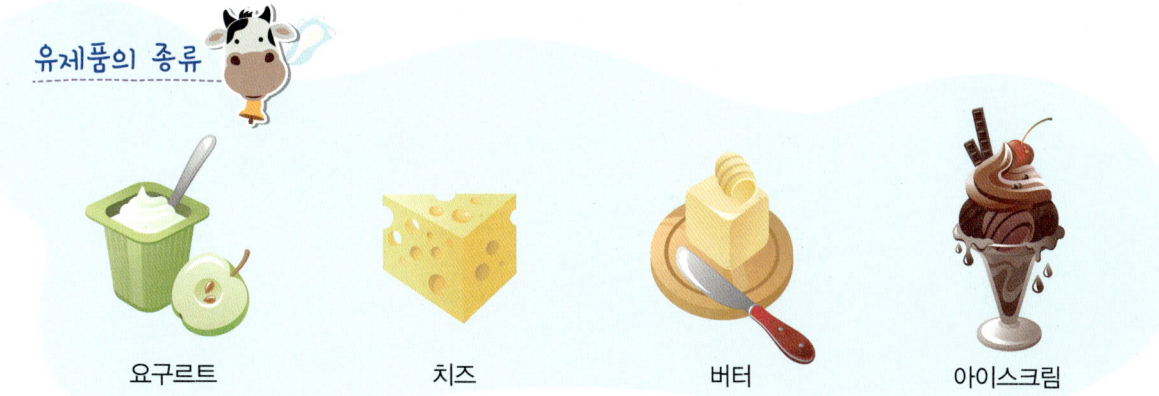

요구르트　　　　치즈　　　　버터　　　　아이스크림

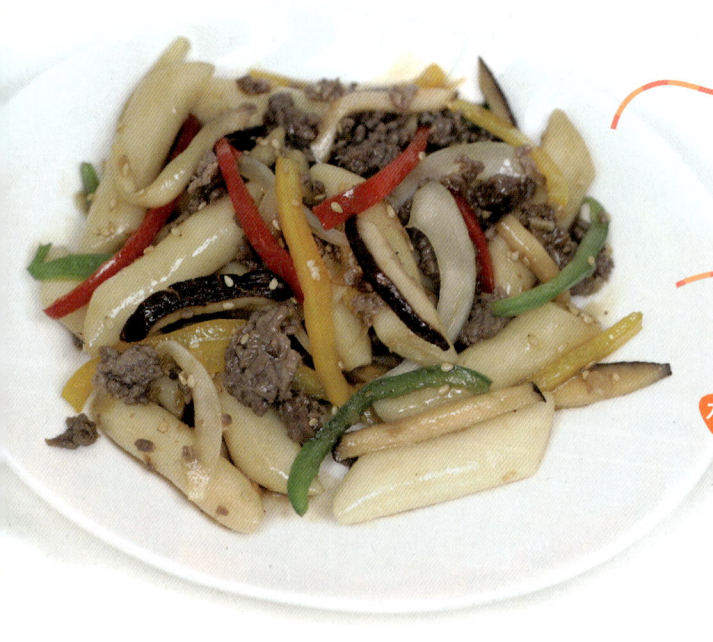

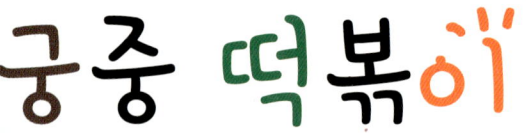
궁중 떡볶이

재료 소고기 100g(간장 1/2큰술, 설탕 1/4큰술),
느타리버섯 100g, 표고버섯 50g, 피망·양파·
파프리카 1/4개, 떡볶이 떡 300g
[양념] 간장 2큰술, 물 5큰술, 설탕 1큰술,
올리고당·마늘·후추·깨 조금

 도구 도마, 칼, 냄비, 체, 프라이팬, 뒤집개

 순서대로 따라해 보아요.

1
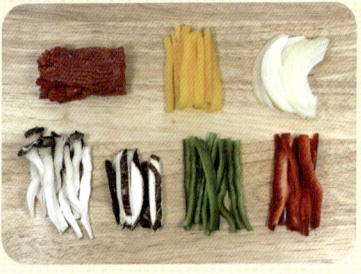
채소는 채썰어 주고, 고기는 잘게 썰어
미리 양념해 주세요.

2
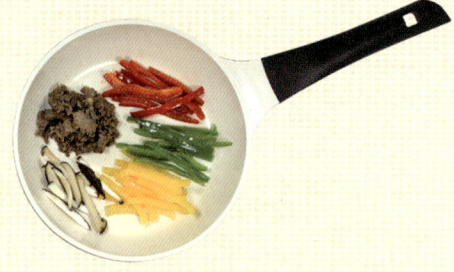
팬에 기름을 두르고 소고기를 볶은 다음,
채소와 버섯도 함께 넣고 볶아 주세요.

3
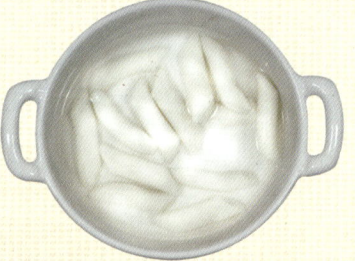
떡은 끓는 물에 한번 삶아 체에 걸러
물기를 빼 주세요.

4
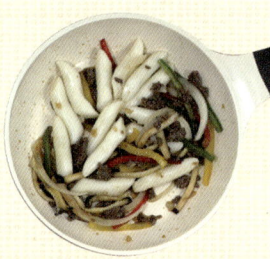
팬에 준비된 떡과 고기, 채소, 양념을 넣고
잘 볶아 주세요.

떡볶이는 언제부터 매운 맛인가요?

떡볶이라고 하면 모두 매운 음식을 떠올리지요? 매운 맛을 내는 재료 중에서 대표적인 것이 고추입니다. 고추가 우리나라에 들어온 것은 임진왜란 때 일본에서 건너왔다고 합니다. 그런데 초기에는 매운맛이 쉽게 사람을 흥분시킨다고 하여 임금님의 수라상에서는 잘 사용하지 않았다고 해요.

세계의 매운 고추를 찾아봐요!

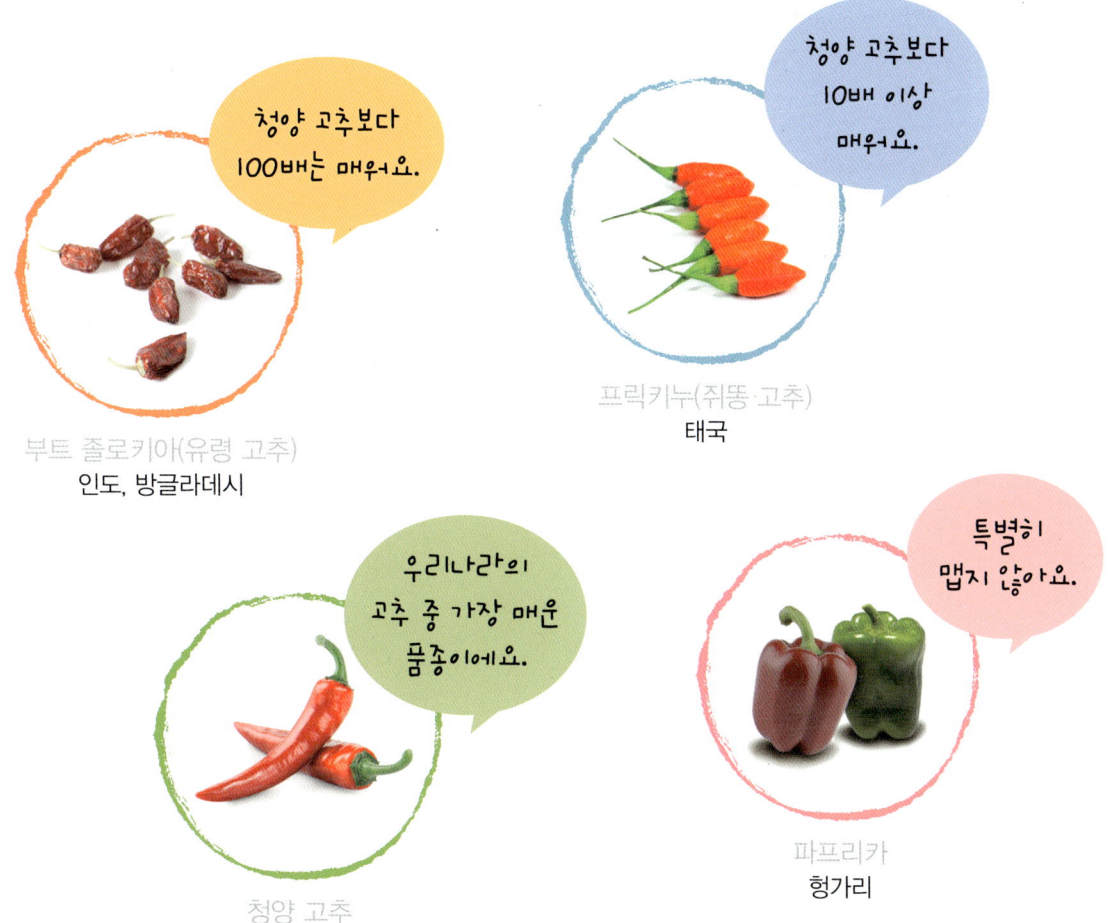

청양 고추보다 100배는 매워요.

부트 졸로키아(유령 고추)
인도, 방글라데시

청양 고추보다 10배 이상 매워요.

프릭키누(쥐똥 고추)
태국

우리나라의 고추 중 가장 매운 품종이에요.

청양 고추
한국

특별히 맵지 않아요.

파프리카
헝가리

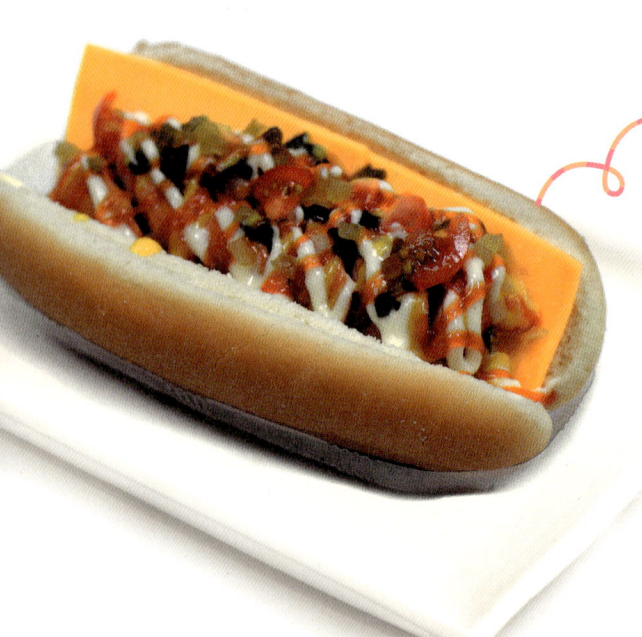

뉴욕 핫도그

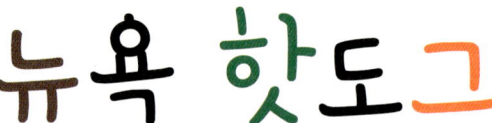

재료 핫도그 빵·소시지 2개, 피클·올리브 5개, 양파 20g, 토마토 1개, 치즈 2장
[소스] 케첩, 마요네즈, 머스터드

도구 도마, 칼, 프라이팬, 뒤집개

 순서대로 따라해 보아요.

1

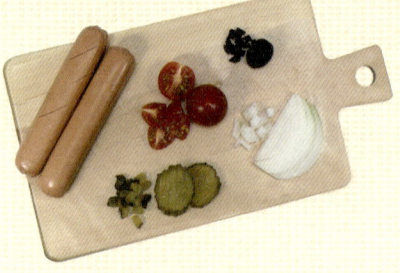

소시지는 칼집을 내고, 나머지 재료는 작게 썰어 주세요.

2

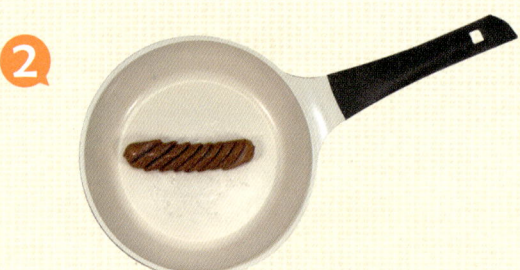

팬에 소시지를 구워 주세요.

3

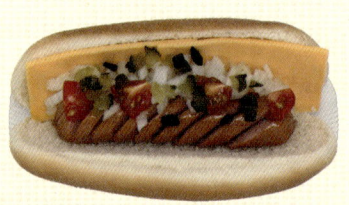

핫도그 빵에 소시지를 넣고, 모든 재료를 토핑해 주세요.

4

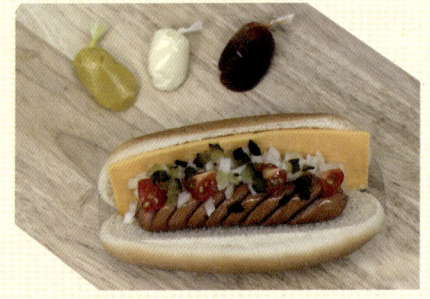

준비된 세 가지 소스를 뿌려 주세요.

핫도그는 어디서 온 말일까요?

핫도그는 길쭉한 빵과 빵 사이에 소시지를 끼워 먹는 미국의 대표적인 거리 음식이에요. 그런데 이 '핫도그'라는 이름은 어떻게 지어졌을까요? 재미있는 이름 덕분에 여러 가지 추측이 있는데, 그 중 사용되는 소시지의 모양이 닥스훈트를 닮아 핫도그란 이름이 붙여졌다는 추측이 설득력이 있어요.

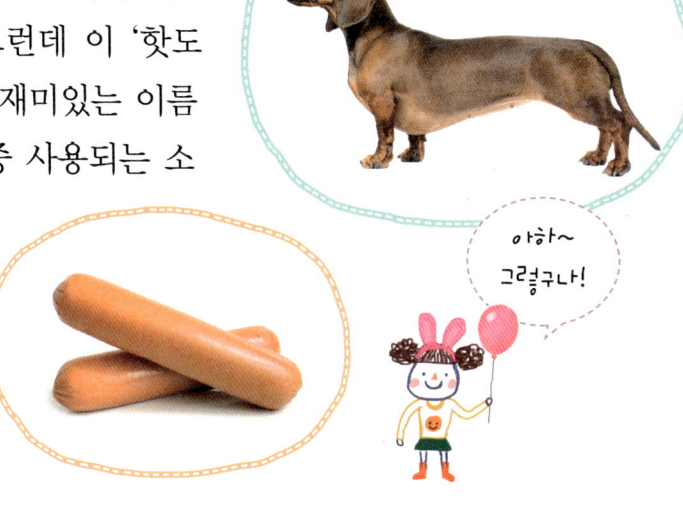

아하~ 그렇구나!

혀의 감각 분포를 알아봐요.

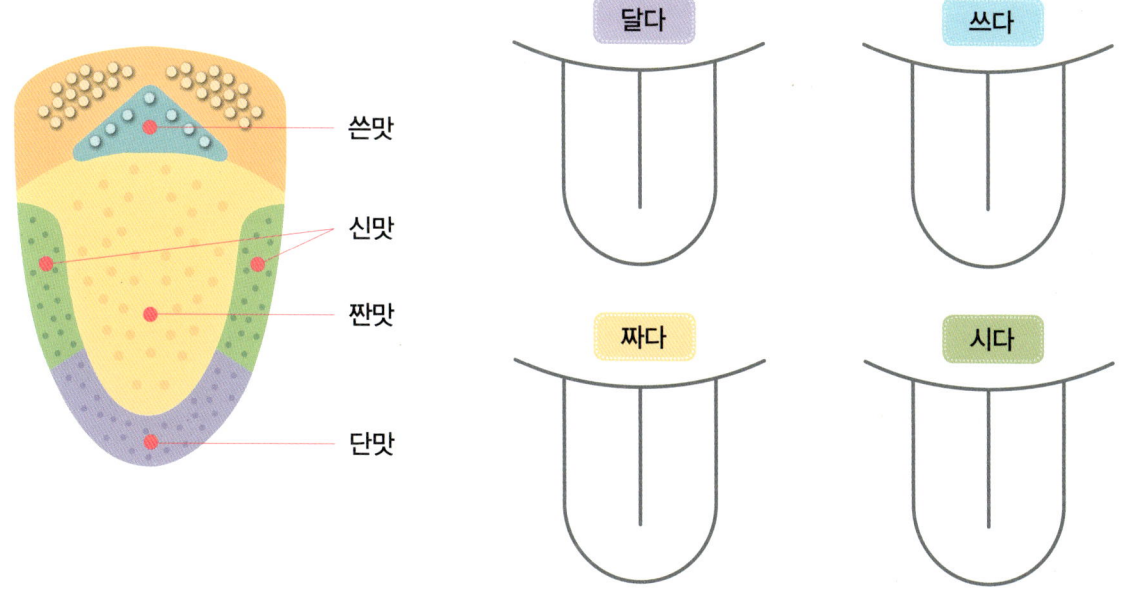

쓴맛

신맛

짠맛

단맛

| 달다 | 쓰다 |
| 짜다 | 시다 |

매운 맛은 통각~

통각을 느낄 정도의 자극성이 있는 맛으로,
입속의 점막 등 입안 전체의 자극에 의한 미각을 뜻해요.

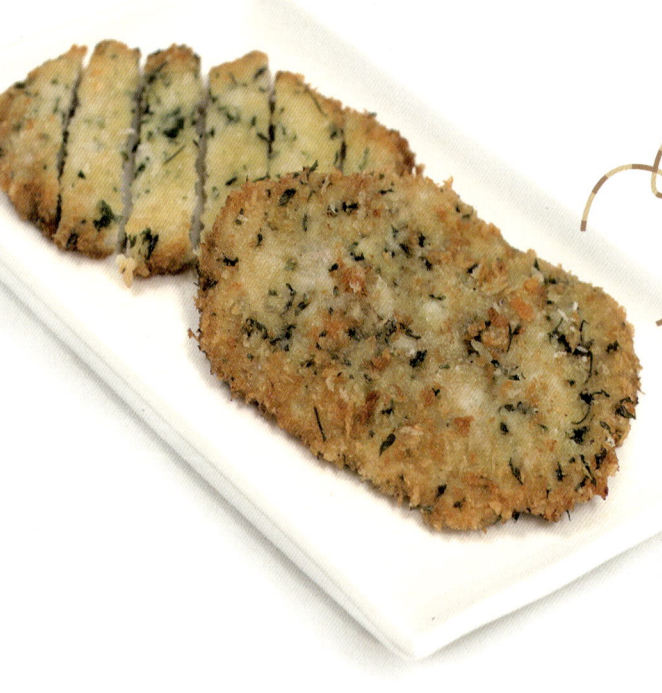

돈가스

 재료 안심 200g, 소금·후추·파슬리 약간, 빵가루 1컵, 달걀 1개, 밀가루 반컵, 식용유 1컵

도구 도마, 칼, 요리 망치, 프라이팬, 뒤집개

  순서대로 따라해 보아요.

1
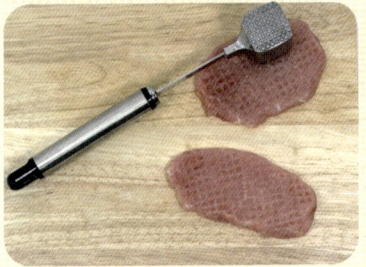
돼지고기를 망치로 두들겨서, 연하게 만들어 주세요.

2
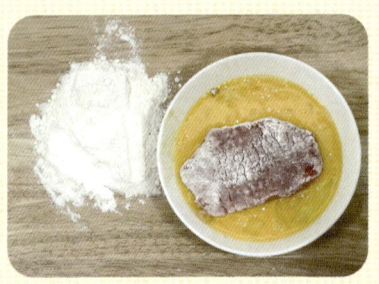
소금과 후추로 간하고, 밀가루에 묻혀 달걀 옷을 잘 입혀 주세요.

3
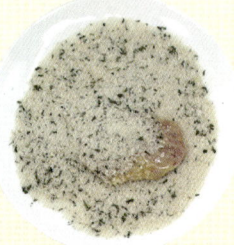
달걀 옷을 입힌 고기에 파슬리와 빵가루를 고르게 뿌려 주세요.

4
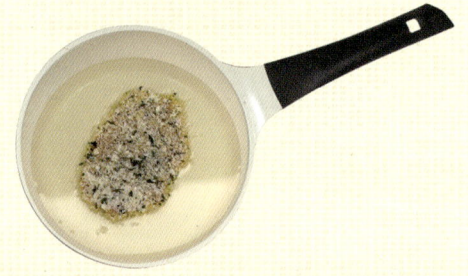
180℃로 달구어진 기름에 빵가루를 묻힌 고기를 노릇노릇하게 튀겨 주세요.

돈가스는 어떤 음식인가요?

돈가스는 일본에서 우리나라로 전파된 서양 음식으로, 우리의 입맛에 맞게 부드러운 소스와 얇고 넓은 고기를 이용하게 되었지요. 이 한국식 왕돈가스는 크림 수프와 함께 먹거나, 김치와 풋고추를 곁들여 먹기도 한답니다.

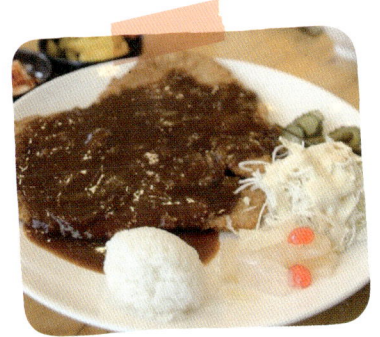
왕돈가스

일본 음식의 종류

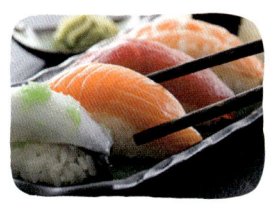
스시(초밥)

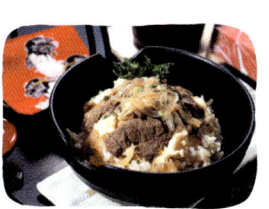
돈부리(덮밥)

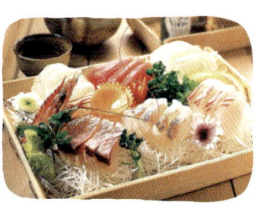
사시미(생선회)

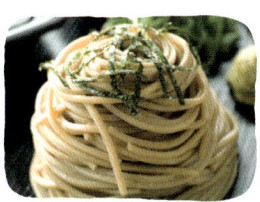
소바(메밀국수)

돼지고기의 부위별 용도를 알아봐요.

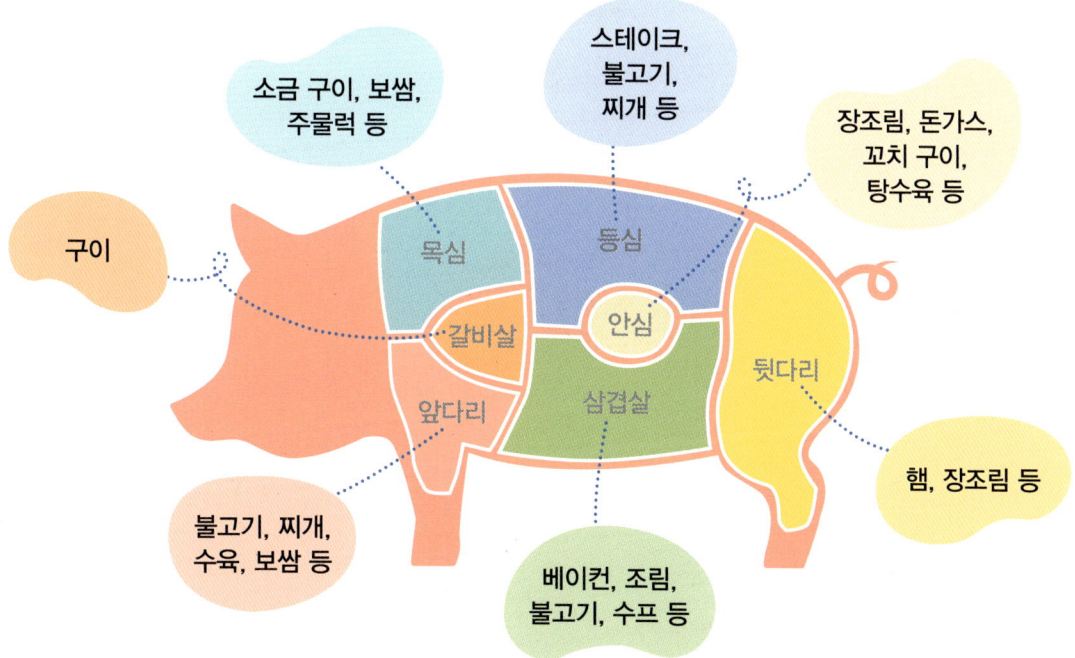

소금 구이, 보쌈, 주물럭 등

스테이크, 불고기, 찌개 등

장조림, 돈가스, 꼬치 구이, 탕수육 등

구이

목심

등심

안심

갈비살

뒷다리

앞다리

삼겹살

불고기, 찌개, 수육, 보쌈 등

베이컨, 조림, 불고기, 수프 등

햄, 장조림 등

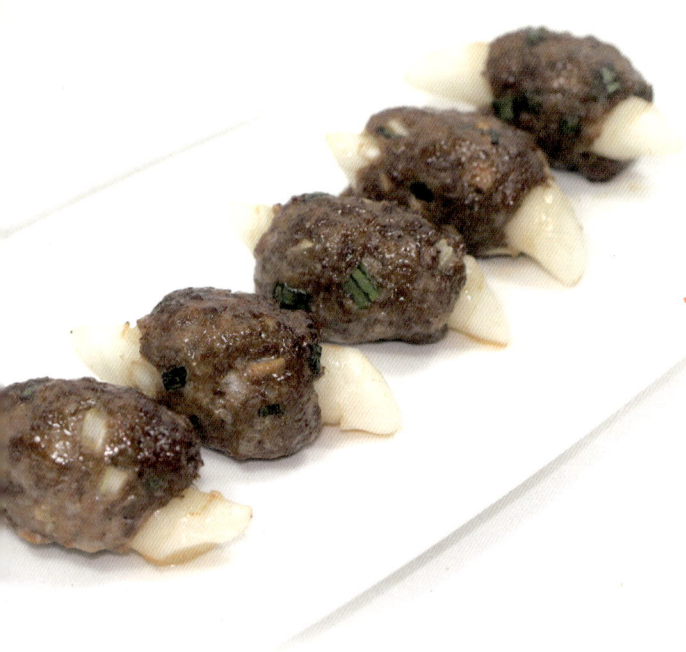

떡갈비

재료 소고기 80g, 돼지고기 80g, 양파 20g, 표고버섯 20g, 쪽파 10g, 떡볶이 떡 10개
[양념] 간장 1큰술, 설탕 1작은술, 전분 1큰술, 후추·마늘·올리고당 조금, 식용유

도구 도마, 칼, 체, 프라이팬, 뒤집개, 믹싱볼

 ## 순서대로 따라해 보아요.

1

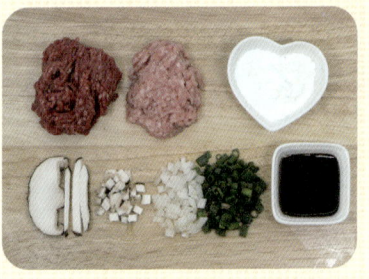

고기와 여러 가지 채소들은 작게 썰어 주세요.

2

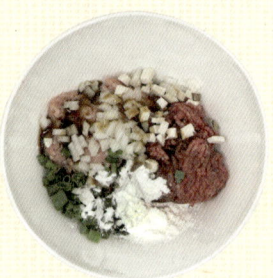

볼에 썰어 둔 채소와 고기, 양념을 넣어 반죽하고 잘 치대어 주세요.

3

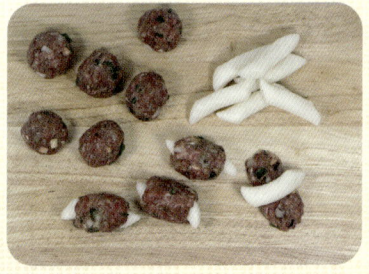

고기 반죽을 10개로 나누어 떡에 돌돌 말아 갈비 모양으로 만들어 주세요.

4

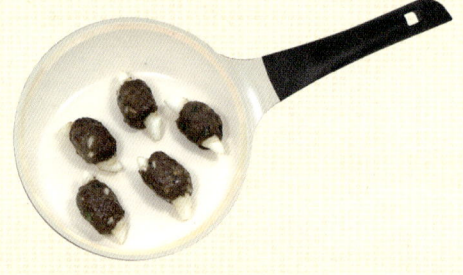

팬에 기름을 두르고, 떡갈비를 구워 익혀 주세요.

왜 떡갈비일까요?

임금님이 체통 없이 손에 갈비를 들고 먹을 수는 없다고 해서 만들어진 궁중 음식이에요. 고기를 다져서 먹기 편하게 만든 음식으로, 시루떡 같이 납작한 모양이라 하여 '떡갈비'라고 부르게 되었다네요.

소고기의 여러 부위를 알아봐요!

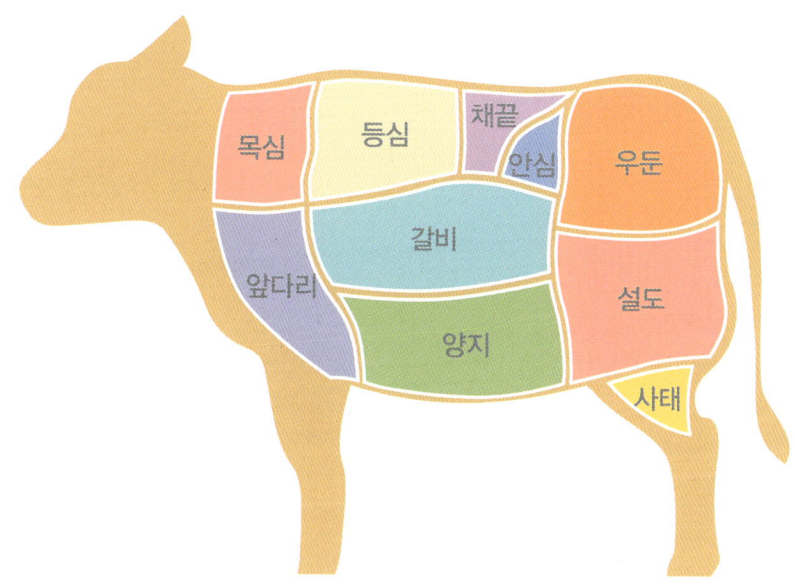

 우리 한우는 어떻게 생겼나요?

현재는 재래종인 한우가 많이 사라졌지만, 보존을 위해 노력하고 있어요. 최근에는 백우가 복원되었답니다. ⓒ 농촌진흥청

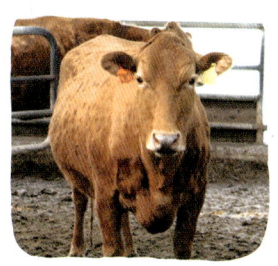

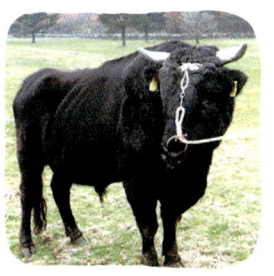

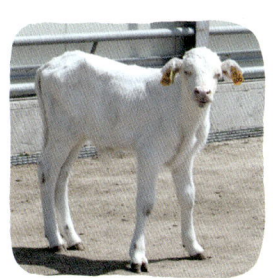

황소 칡소 흑우 백우

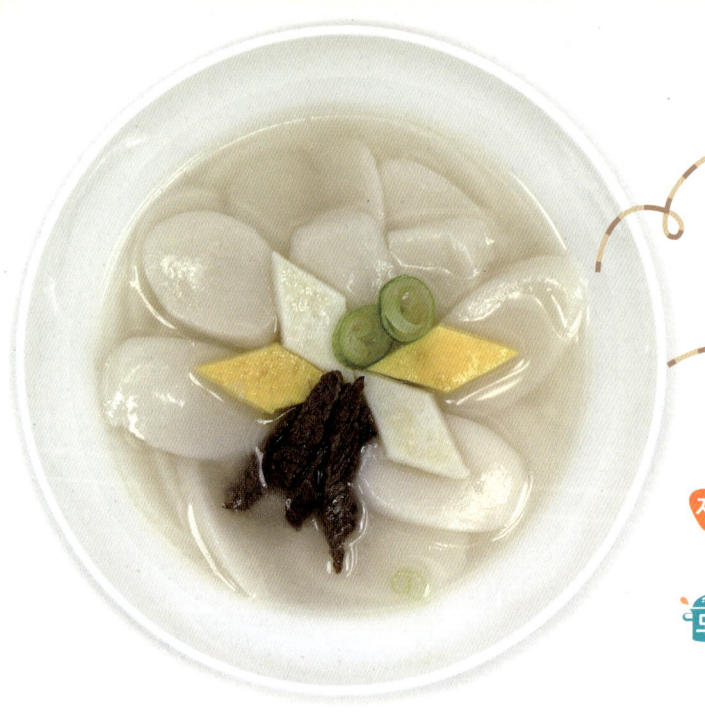

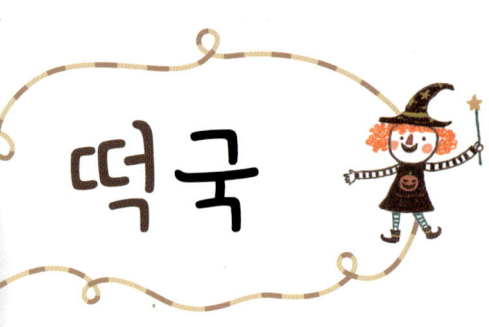

떡국

재료 떡국 떡 200g, 대파 10g, 마늘 1개, 소금·후추 약간, 달걀 1개, 사골 육수 2컵, 삶은 고기 약간

도구 도마, 칼, 냄비, 체, 프라이팬, 뒤집개

순서대로 따라해 보아요.

1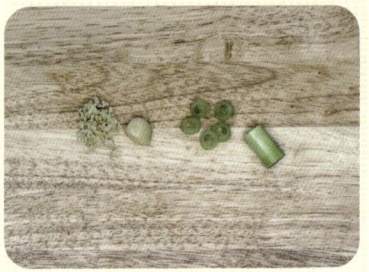

마늘은 다지고 대파는 작게 썰어 주세요.

2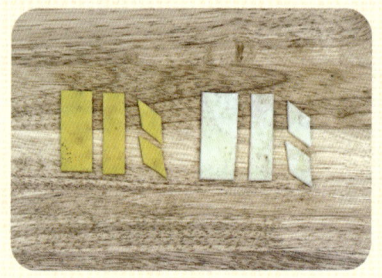

달걀은 지단을 부쳐 직사각형 또는

마름모 모양으로 잘라 주세요.

3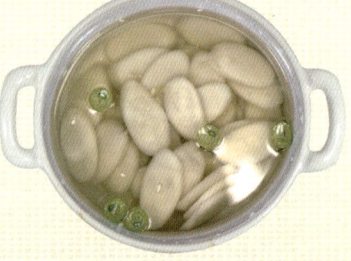

사골 육수를 넣고 적당히 끓어오르면,

떡국 떡을 넣고 한번 더 끓여 주세요.

4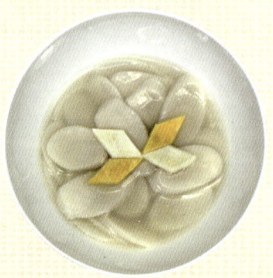

다진 마늘과 파를 넣고, 끓으면 그릇에

떡국을 담아 지단과 고기를 얹어 주세요.

우리나라의 대표 요리를 월별로 정리해 봐요.

월	날이름	먹는 음식	월	날이름	먹는 음식
1월	설날, 대보름	 떡국	7월	칠석, 삼복	 육개장
2월	중화절	 유밀과	8월	한가위(추석)	 송편
3월	삼짇날	 진달래 화전	9월	중앙절	 국화전
4월	초파일	 느티떡	10월	무오일	 무시루떡
5월	단오	 증편	11월	동지	 팥죽
6월	유두	 편수	12월	그믐	 식혜, 수정과

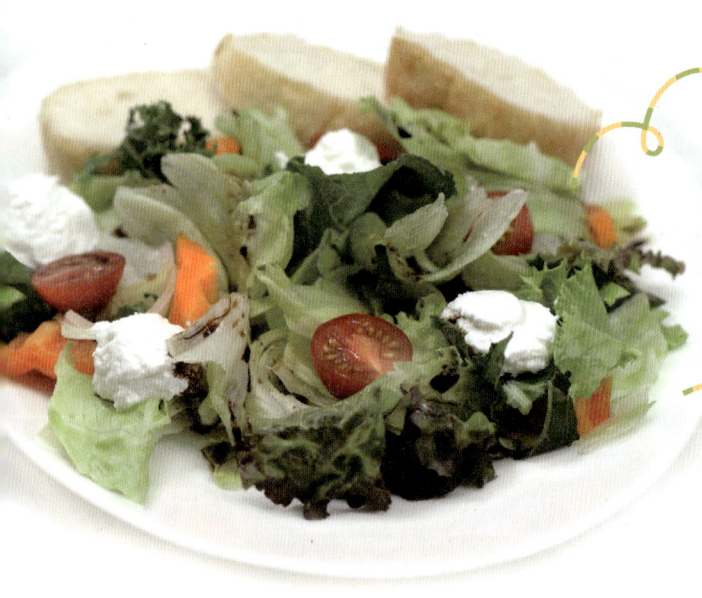

리코타 치즈 샐러드

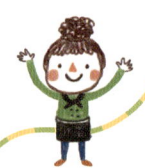

🍎 **재료** 양상추 1/6통, 토마토 1/2개, 쌈 채소 약간, 바게트빵 2쪽

[치즈] 우유 1컵, 생크림·식초 2큰술, 레몬즙 1큰술   [소스] 발사믹 식초·올리브 오일 2큰술, 소금·설탕 약간

🍲 **도구** 도마, 칼, 볼, 냄비, 주걱, 면보, 체

 순서대로 따라해 보아요.

1
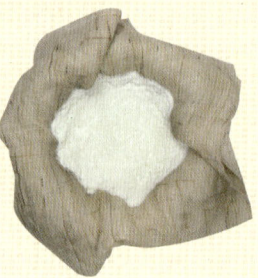
우유와 생크림으로 치즈를 만들어 주세요.

2
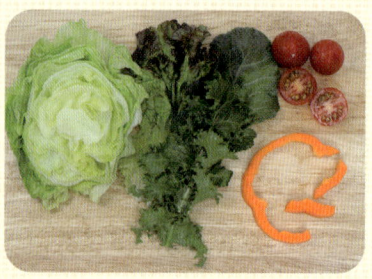
샐러드에 사용할 채소를 먹기 좋게 썰어 주세요.

3

소스 재료를 넣고, 샐러드 소스를 만들어 주세요.

4
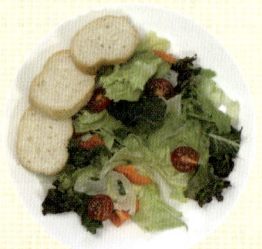
접시에 치즈와 채소, 빵을 담고, 소스를 뿌려 주세요.

그리스를 알아봐요.

- **위치** 유럽 남동부
- **수도** 아테네
- **환율** 1유로 = 1,300원 정도
- **언어** 그리스어
- **인구** 10,775,557명(2014), 80위
- **면적** 131,957 km², 97위
- **기후** 대륙성 기후, 지중해성 기후

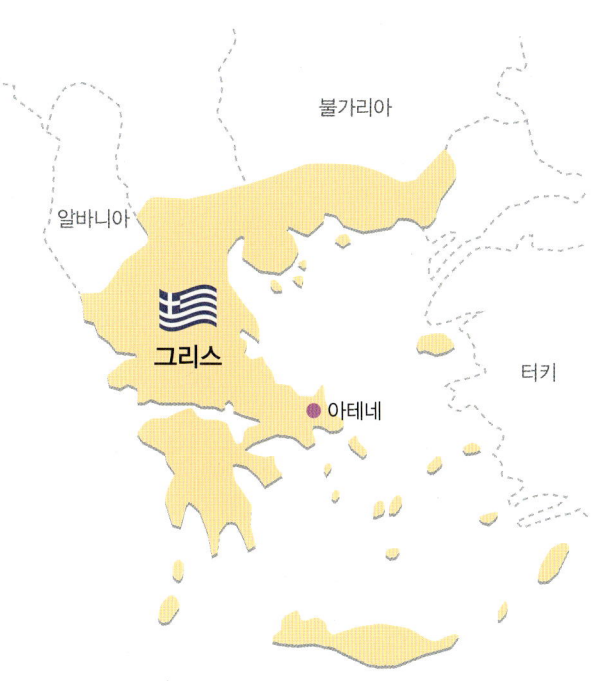

치즈를 만들어 볼까요?

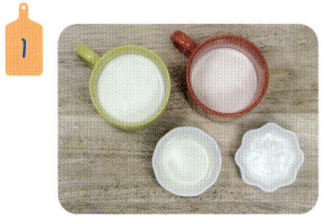

우유와 생크림을 중간 불로 끓여 주세요.

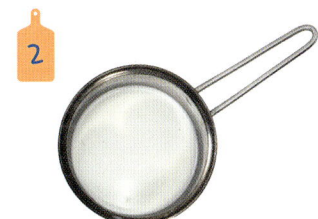

보글보글 끓으면 불을 끄고, 식초와 레몬즙, 소금을 넣어 주세요.

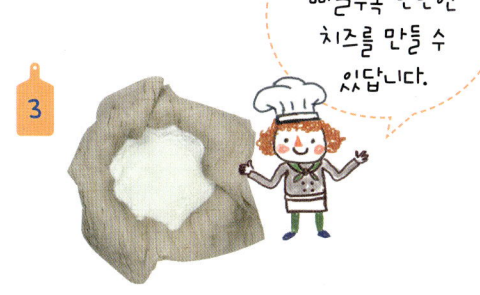

수분이 많이 빠질수록 단단한 치즈를 만들 수 있답니다.

뭉글뭉글해지면 체에 받쳐서 면보에 걸러 짜 주세요.

치즈는 어떻게 만들어졌나요?

유목민들은 낙타를 타고 사막을 건널 때 양의 위장으로 만든 주머니에 우유를 넣어 두었어요. 그런데 시간이 지나면서 우유가 덩어리로 변하게 된 것을 알았어요. 이것이 오늘날 치즈의 기원이 되었답니다.

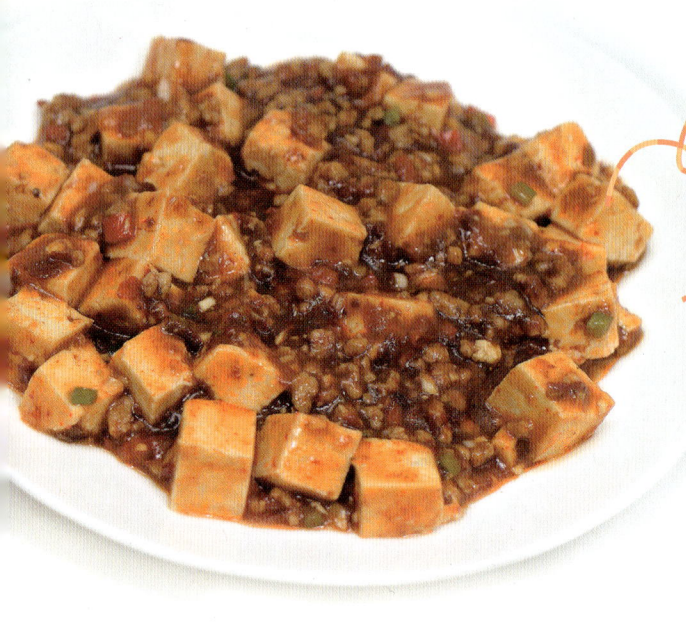

마파두부

재료 두부 300g, 다진 돼지고기 100g, 붉은 고추 1/2개, 피망 1/4개, 다진 마늘 1큰술, 대파 조금
[양념] 두반장 2큰술, 닭 육수 2컵, 굴소스·전분·물·간장 1큰술, 고추기름 3큰술, 설탕 1/2큰술, 청주 약간

도구 도마, 칼, 냄비, 체, 프라이팬, 뒤집개

순서대로 따라해 보아요.

1

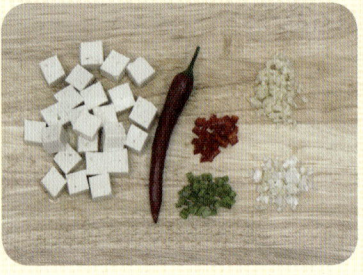

두부는 깍둑 썰기하고, 채소는 작게 잘라 주세요.

2

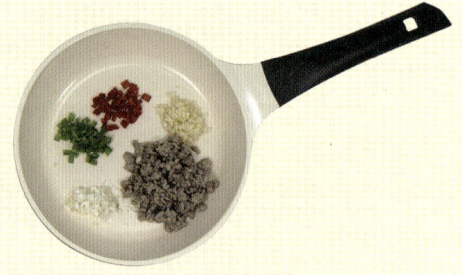

팬에 기름을 두르고, 고기와 채소를 볶아 주세요.

3

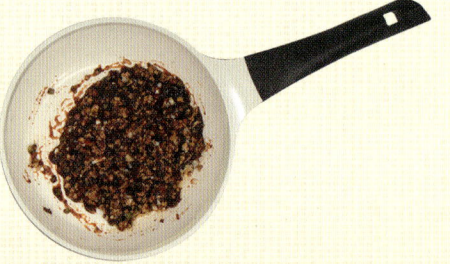

두반장과 양념을 넣어 한번 더 볶아 주세요.

4

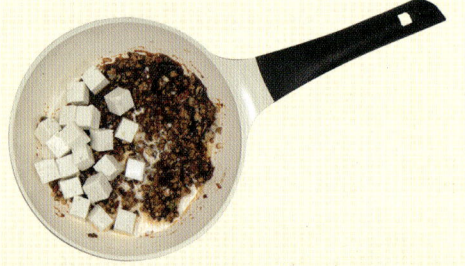

두부와 물, 물에 갠 전분을 넣고 끓여 주세요.

마파는 '곰보 할머니'라는 뜻이고, 중국 쓰촨 지방의 한 마을에서 유래된 두부 요리예요. 이 마을에 살던 한 곰보 할머니가 만든 두부 요리가 맛이 좋다고 소문이 나기 시작하여 유명한 중국 요리가 된 것이지요. 지금은 얼큰한 두반장을 넣어 볶은 쓰촨 지방의 두부 요리를 뜻하고 있어요.

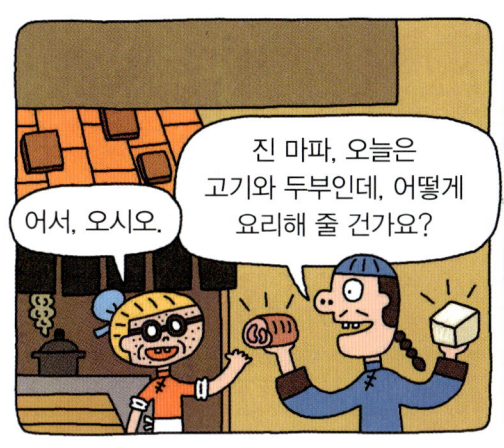

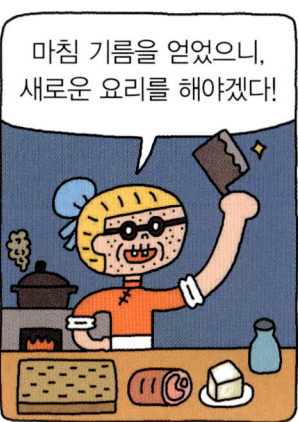

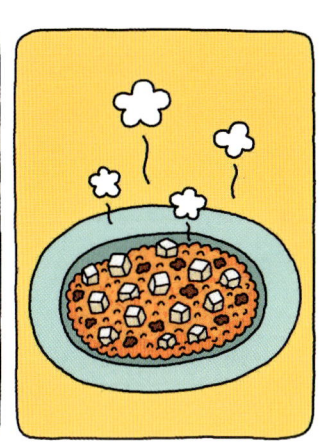

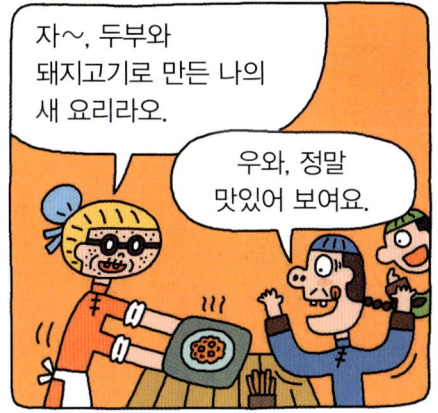

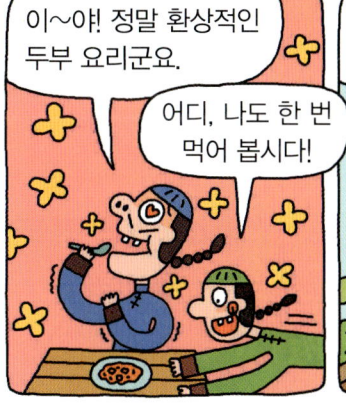

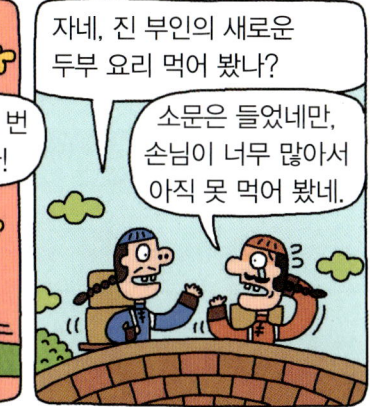

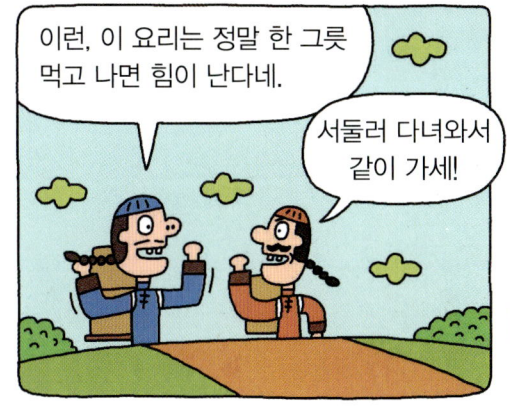

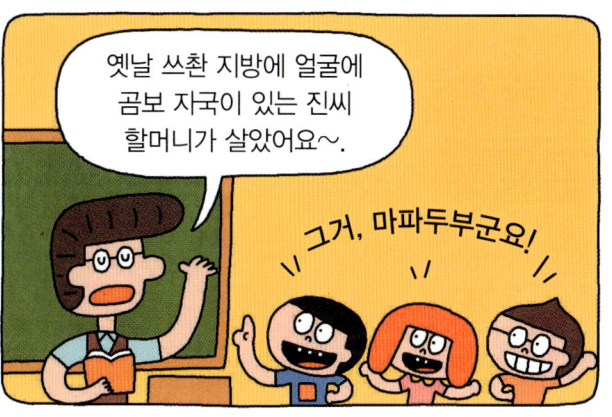

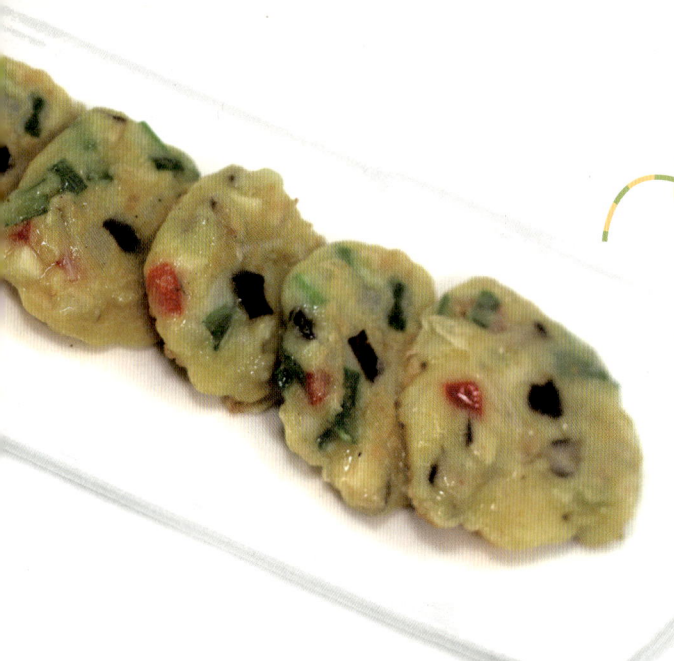

버섯전

재료 표고버섯·느타리버섯·새송이버섯·팽이버섯·
부추 한줌, 양파 1/8개, 붉은 피망 1/6개
[반죽] 달걀 1개, 부침가루 1/2컵, 물 2큰술

도구 도마, 칼, 프라이팬, 뒤집개

 순서대로 따라해 보아요.

1

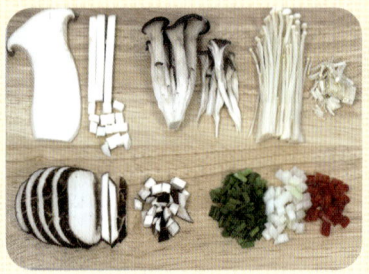

여러 종류의 버섯과 채소를 작게 잘라
주세요.

2

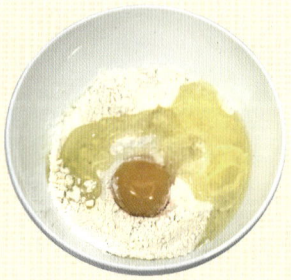

큰 볼에 부침가루, 달걀, 물을 넣고 고르게
반죽해 주세요.

3

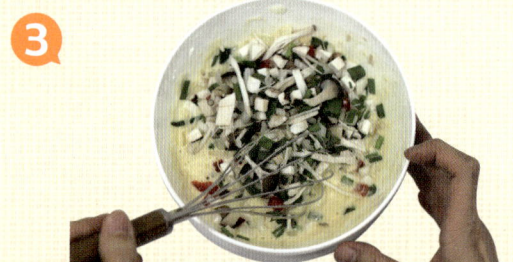

반죽에 손질한 재료를 넣고 잘 섞어
주세요.

4

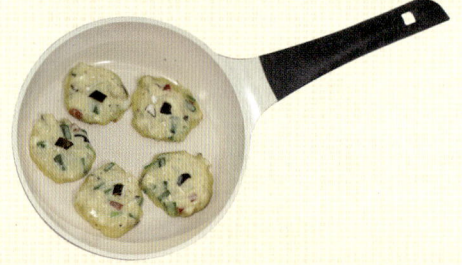

팬에 기름을 두르고, 반죽을 한 숟가락씩
떼어 내어 전을 부쳐 주세요.

버섯의 종류를 알아봐요.

버섯은 대략 5,000여 종이 있는데, 먹을 수 있는 버섯이 517종, 독버섯이 243종, 약으로 쓰이는 버섯이 204종 정도라고 해요. 나머지는 쓰임이 정확하지 않다고 합니다. 이 중에 우리가 채취해서 먹는 버섯은 20~30종 뿐이라고 해요.

표고버섯의 재배 방법

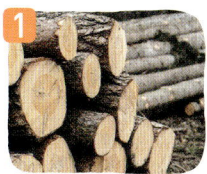
1 버섯을 키울 나무 준비하기(참나무과)

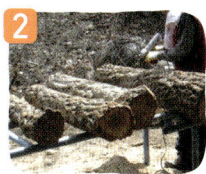
2 준비된 나무에 버섯 종균 심기

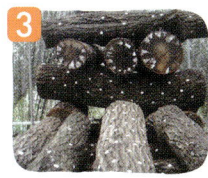
3 6개월 이상 온도와 습도를 조절하면서 나무 눕혀 두기

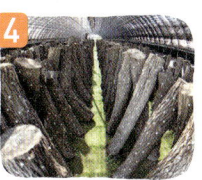
4 균이 80% 이상 자라면 나무 세워 두기

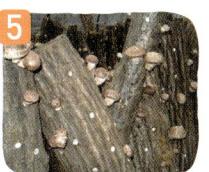
5 생장한 버섯 따기

내가 알고 있는 버섯에는 어떤 것이 있나요?

느타리버섯, 표고버섯, 새송이버섯, 팽이버섯, 목이버섯 등

약이 되는 버섯

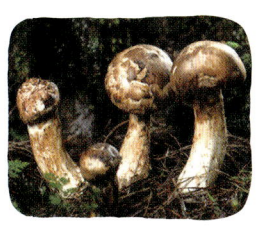
송이

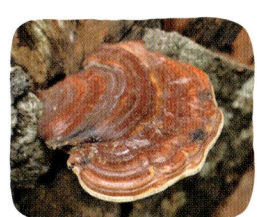
영지

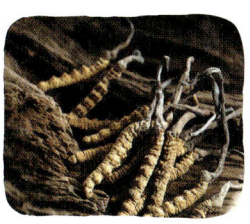
동충하초

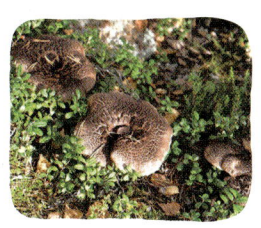
능이(노루털버섯)

독버섯

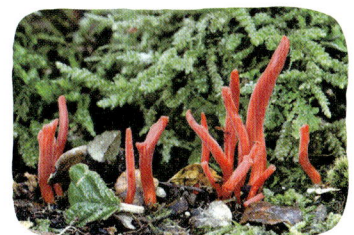
붉은사슴뿔버섯

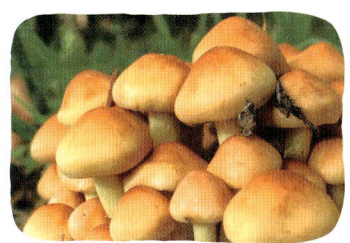
노란다발버섯

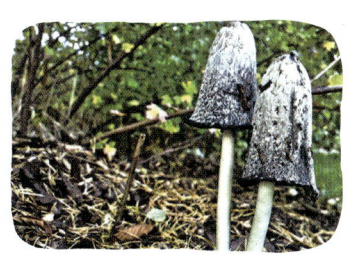
독우산광대버섯

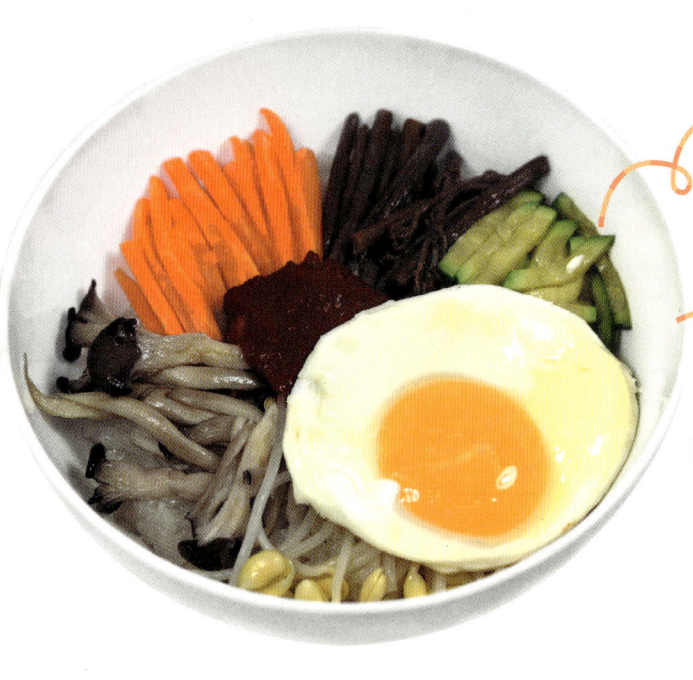

비빔밥

재료 콩나물·고사리·느타리버섯 한줌, 당근 1/10개, 애호박 1/8개, 밥 한 공기, 식용유 1큰술, 소금 약간, 달걀 1개
[볶음 고추장] 소고기 50g, 마늘·고추장·올리고당·참기름·깨 약간

도구 도마, 칼, 냄비, 체, 프라이팬, 뒤집개

 순서대로 따라해 보아요.

1
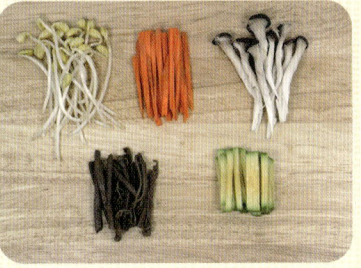
채소를 모두 채썰어 주고, 콩나물은 삶아

소금, 참기름을 약간 넣어 무쳐 주세요.

2
썰어 둔 채소는 팬에서 볶아 주세요.

3
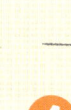
달걀은 기름을 두르고, 프라이해 주세요.

4
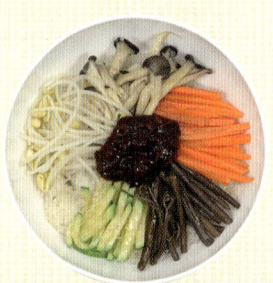
그릇에 밥을 담고 재료를 돌려 담아 주세요.

고추장과 달걀 프라이를 얹어 마무리해요.

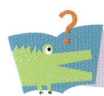 **비빔밥은 어떻게 만들어졌나요?**

비빔밥은 '골동반'이라고 하는데, 제사를 지내는 문화에서 시작되었다고 합니다. 조상에게 제를 올린 후, 상에 올렸던 여러 가지 음식들을 함께 넣고 비벼 먹었던 음식에서 발달한 것이라고 해요.

 1인분의 밥에 들어 있는 영양소를 알아봐요.

1인분 밥의 기준은 210g이에요.

영양소	영양소가 하는 일
탄수화물	뇌의 연료로 사용된다.
단백질	근육과 혈액을 만든다.
지방	체온을 일정하게 유지하게 해 준다.
나트륨	혈압을 조절한다.
비타민, 무기질	우리 몸의 여러 작용이 제 기능을 할 수 있게 도와준다.
총 에너지	300kcal
활동량	걷기 16분 홀라후프 30분 줄넘기 20분 청소 1시간 요리 27분 자전거 타기 6분 춤추기 40분

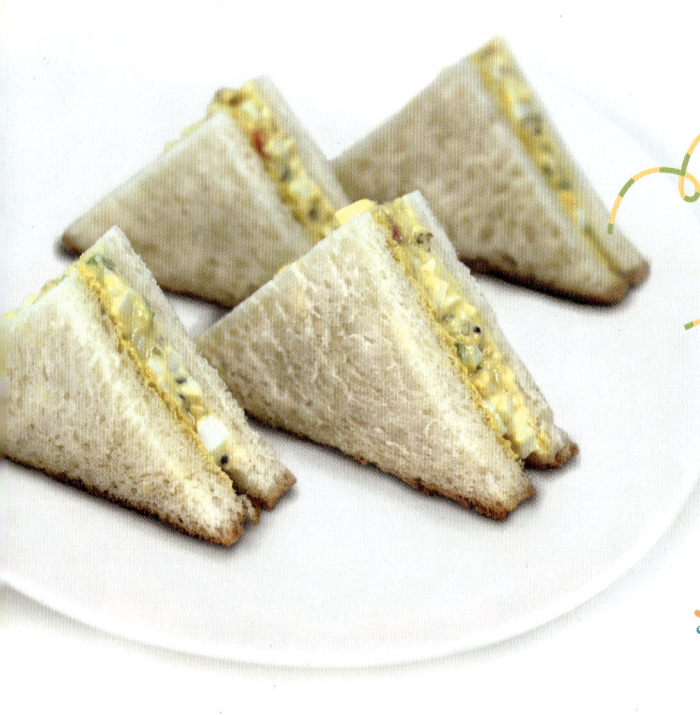

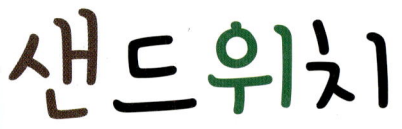

샌드위치

재료 식빵 6쪽, 달걀 2개, 양파·피망·옥수수콘·
당근·햄 20g, 피클 5개, 마요네즈 2큰술,
소금·후추 약간

도구 도마, 칼, 볼, 주걱

 순서대로 따라해 보아요.

1

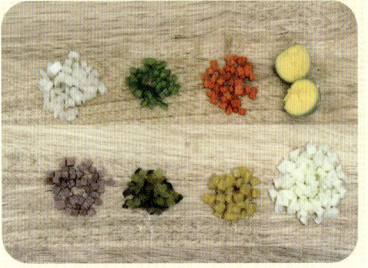

재료를 모두 작게 썰어 주세요.

2

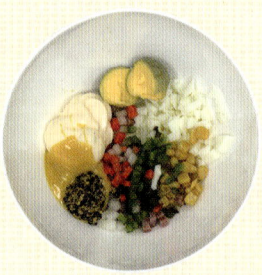

재료를 볼에 담고 마요네즈와 소금, 후추
를 넣고 잘 섞어 주세요.

3

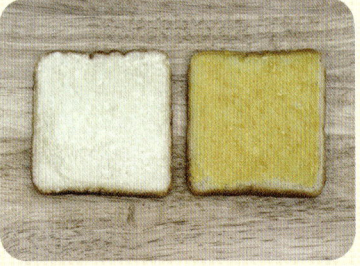

빵의 한쪽은 머스타드, 다른 빵의 한쪽에
는 마요네즈를 발라 주세요.

4

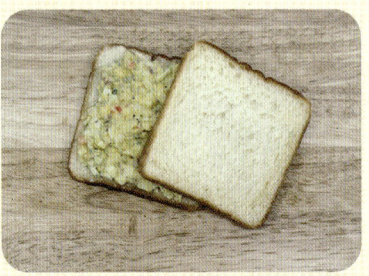

두 장의 식빵 사이에 속재료를 넣고 잘 누
른 후 삼각형 모양으로 잘라 주세요.

샌드위치는 어떻게 만들어졌나요?

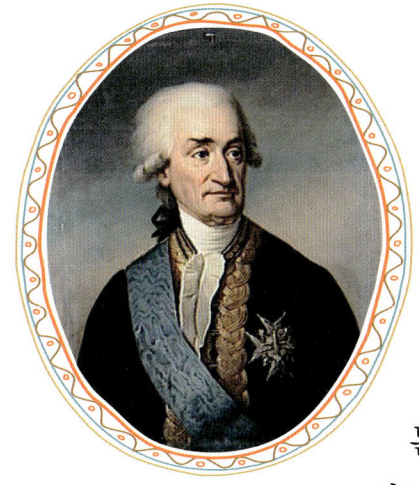

샌드위치 백작

우리가 즐겨 먹는 '샌드위치'는 샌드위치 백작에게서 유래했어요. 영국의 정치가인 존 몬태규는 샌드위치 지방을 다스렸던 백작 집안의 4대 샌드위치 백작이에요. 다시 말해 샌드위치는 영국의 한 지방 이름으로, 그 지역을 다스렸던 영주이자 백작 가문의 이름에서 따온 것이라 할 수 있지요. 그런데 이 샌드위치 백작은 카드놀이에 빠져서 밥 먹는 것도 잊는 경우가 너무 많았어요. 그래서 하인이 카드놀이를 하면서도 먹을 수 있는 음식을 만들어 냈답니다. 빵과 빵 사이에 채소와 고기를 끼워 넣은 음식이었지요. 그러자 샌드위치 백작이 감동하여 자신의 이름을 붙여 주었다고 해요.

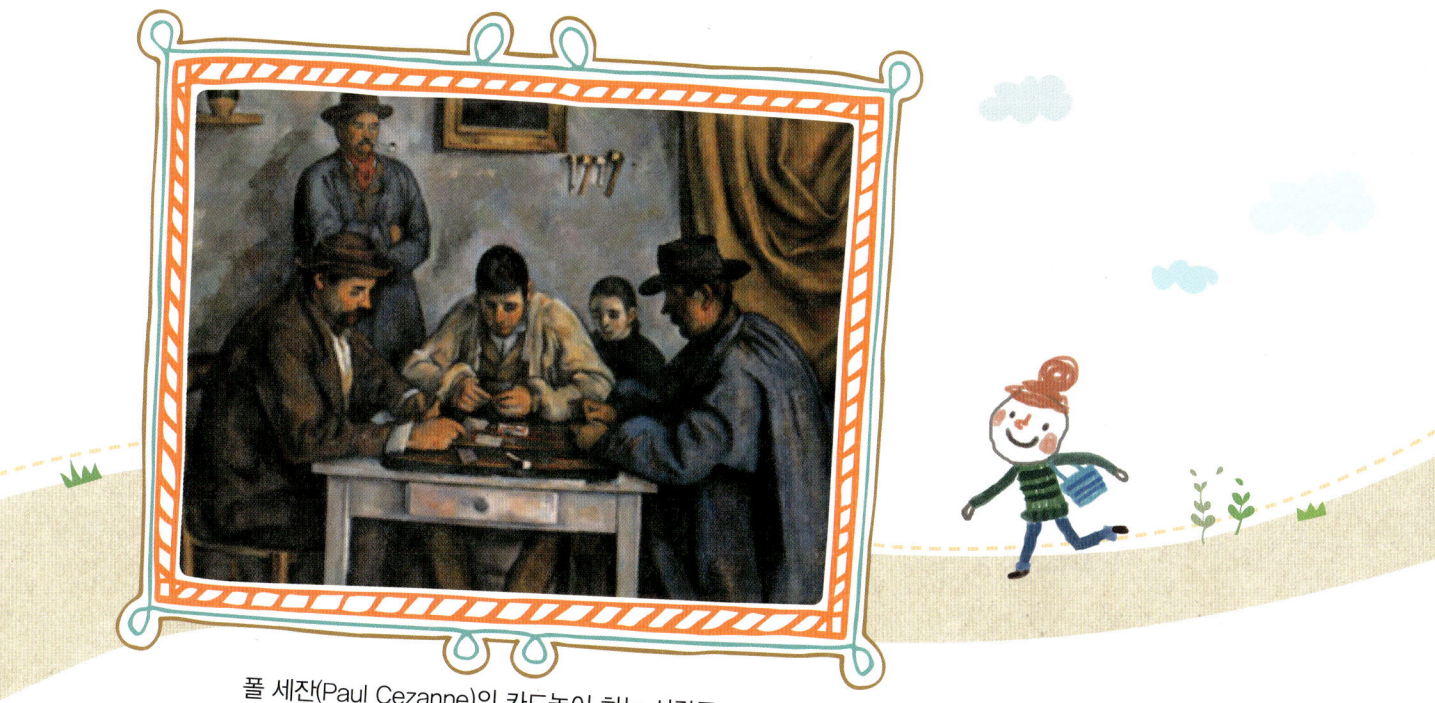

폴 세잔(Paul Cezanne)의 카드놀이 하는 사람들

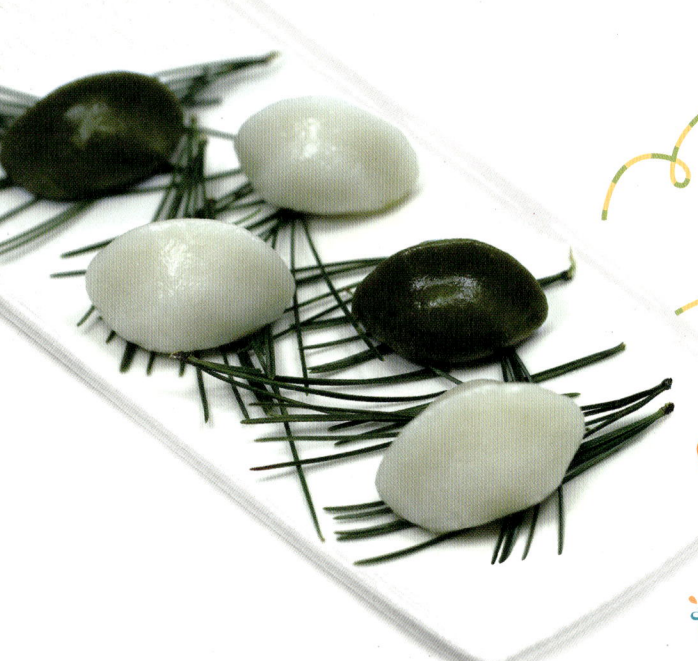

송편

재료 쌀가루 200g, 쑥 가루 1작은술, 물 4큰술, 솔잎 약간

[소] 깨·설탕 20g, 소금 2g

도구 도마, 볼, 냄비, 찜기

 순서대로 따라해 보아요.

1

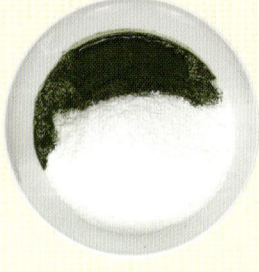

쌀가루에 물을 넣고 반죽해 주세요. 쌀가 루의 반은 쑥가루를 넣어 반죽해 주세요.

2

반죽을 10개의 같은 크기로 나누어 주세요.

3

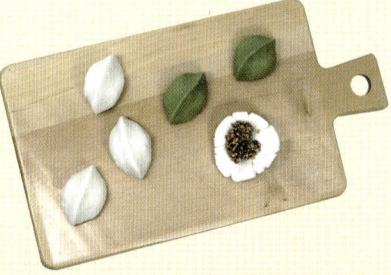

반죽 안에 소를 넣고, 소가 보이지 않도록 잘 빚어 주세요.

4

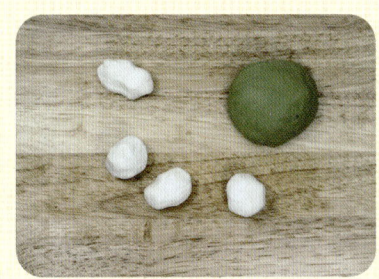

솔잎을 깔고 송편을 쪄 주세요.

송편은 어디서 왔을까요?

우리 조상들은 추석 때 햅쌀과 햇곡식으로 송편을 빚어 한 해의 수확을 감사하였어요. 송편이라는 말의 뜻을 생각해 보면, '소나무 송(松), 떡 병(餠)'에서 송병이라 하였어요. 이것이 나중에는 송편으로 불리게 된 것이지요.

솔잎의 기능

- 송편이 서로 붙지 않게 하기 위해서
- 떡에서 솔향이 나게 하기 위해서
- 송편의 영양을 높이기 위해서
- 떡이 쉽게 상하지 않게 하기 위해서

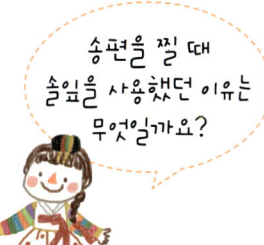

송편을 찔 때 솔잎을 사용했던 이유는 무엇일까요?

세계의 추석 음식을 알아봐요.

◎ 미국의 추수 감사절(11월 넷째 목요일)

한 해의 수확과 신의 은총을 감사드리는 축제로, 대표 음식은 칠면조 요리이다.

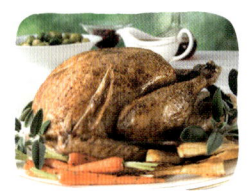

◎ 중국 중추절(음력 8월 15일)

흩어져 있던 가족이 모이고 모든 것이 원만하게 이루어지기를 바라는 명절로, 대표 음식은 월병이다.

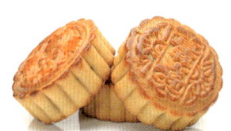

◎ 러시아 성 드미트리 토요일(11월 8일 직전의 토요일)

가정의 화목을 기원하고 추수를 감사하는 날로, 햇곡식과 햇과일로 만든 음식과 햇곡식으로 빚은 보드카를 먹는다.

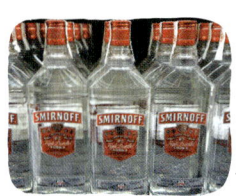

◎ 베트남 쭝투(음력 8월 15일)

가족의 화목을 위하여 자녀들에게 애정과 관심을 표현하는 날로, 추수감사절인 동시에 어린이날이기도 하다. 대표 음식으로는 중국의 월병과 비슷한 빤 쭝투가 있다.

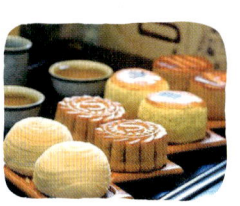

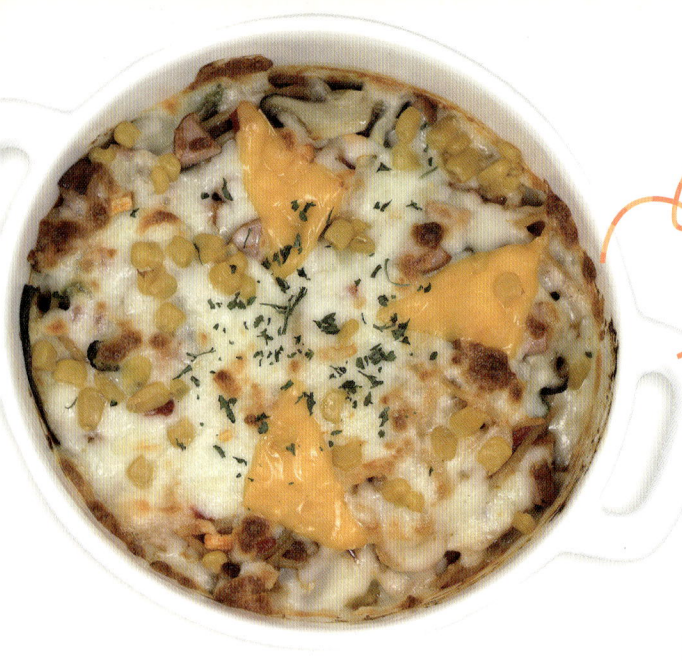

스파게티

재료 삶은 스파게티 200g, 피자 치즈 100g, 옥수수 1큰술, 버섯·소시지 1개, 피망·파프리카·양파 1/4개, 치즈 1장, 토마토 소스 100g

도구 도마, 칼, 냄비, 체, 프라이팬, 뒤집개

순서대로 따라해 보아요.

1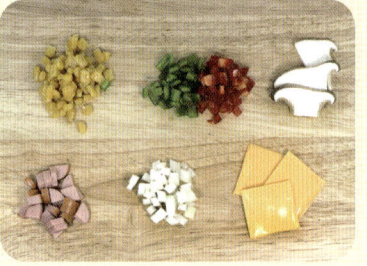

채소와 햄을 작게 잘라 주세요.

2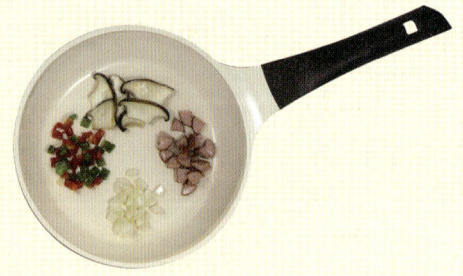

팬에 기름을 두르고, 채소와 햄을 볶아 주세요.

3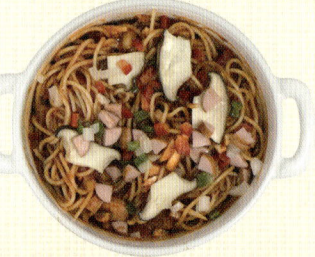

오븐 용기에 삶은 면과 볶은 재료를 넣고, 잘 섞어 주세요.

4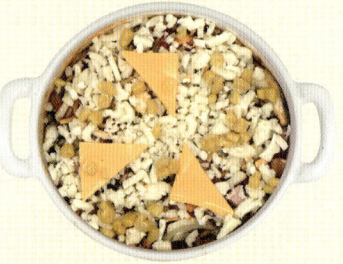

치즈를 골고루 뿌려 주고, 오븐에 구워 주세요.

이탈리아를 알아봐요.

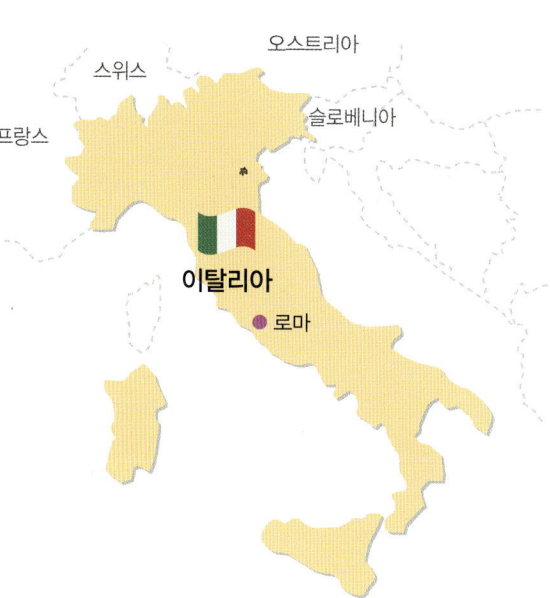

- **위치** 유럽 남부, 지중해 연안 이탈리아 반도
- **수도** 로마
- **환율** 1유로 = 1,300원 정도
- **언어** 이탈리아어
- **인구** 61,680,122명(2014), 23위
- **면적** 301,340 km², 72위

파스타에는 어떤 것이 있나요?

파스타는 물과 밀가루를 사용하여 만든 이탈리아식 면을 뜻해요.

- **스파게티** 굵기가 1.6mm이고 길이가 긴 면으로, 대표적인 이탈리아 국수 요리입니다.
- **페투치네** 칼국수 면처럼 납작하고 넓은 면으로, 생크림과 버터, 파르메산 치즈를 이용한 소스를 많이 사용합니다.
- **마카로니** 길이가 매우 짧고, 속이 빈 대롱같은 모양을 하고 있는 면입니다.
- **파르펠레** 이탈리아어로 '나비 넥타이'라는 뜻의 짧은 파스타의 한 종류입니다.
- **펜네** 끝이 펜처럼 뾰족한 원통형의 면으로, 짧은 파스타의 한 종류입니다.
- **푸실리** 스파게티와 함께 자주 사용되는 파스타로, 나사나 스프링 같은 모양으로 샐러드에 주로 이용되는 짧은 면입니다.

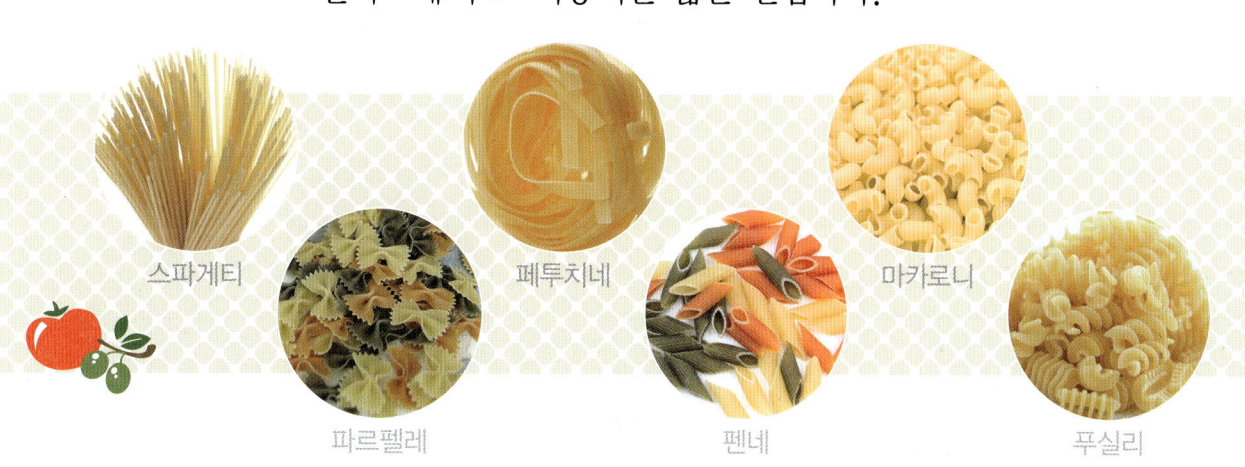

스파게티

파르펠레

페투치네

펜네

마카로니

푸실리

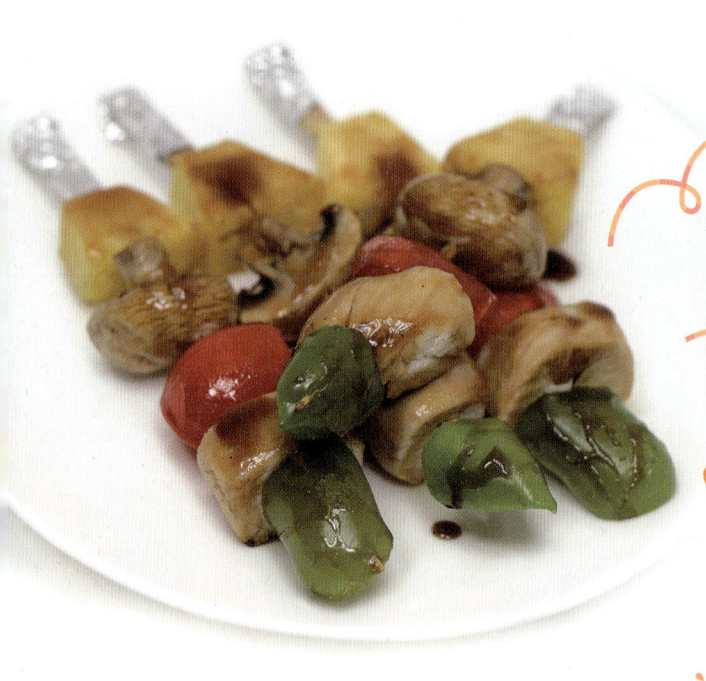

시시 케밥

 재료 닭고기 200g, 파프리카 색깔 별로 1/2개, 양송이 2개, 파인애플 4쪽, 파 1/4개, 마늘 1톨, 통후추 약간

[소스] 데리야끼 소스

도구 도마, 칼, 꼬치, 프라이팬, 냄비, 오븐, 요리붓

순서대로 따라해 보아요.

1

닭고기는 파, 마늘, 후추를 넣고 우유와

함께 끓여 주세요.

2

채소와 닭고기를 한 입 크기로 잘라

주세요.

3
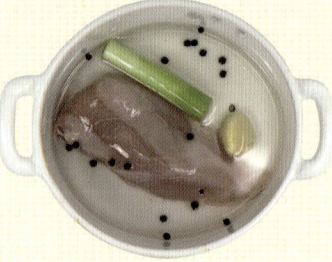

꼬치에 재료를 골고루 꽂고, 소스를 발라

주세요.

4
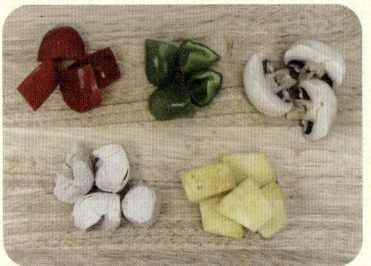

소스를 바른 꼬치는 오븐에 10분 정도

구워 주세요.

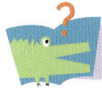 **터키를 알아봐요.**

- ◎ **위치** 아시아 서쪽
- ◎ **수도** 앙카라
- ◎ **환율** 1터키리라 = 400원 정도
- ◎ **언어** 아랍어, 쿠르드어, 터키어
- ◎ **인구** 81,619,392명(2014), 16위
- ◎ **면적** 783,562 km², 37위
- ◎ **기후** 지중해성 기후, 흑해성 기후

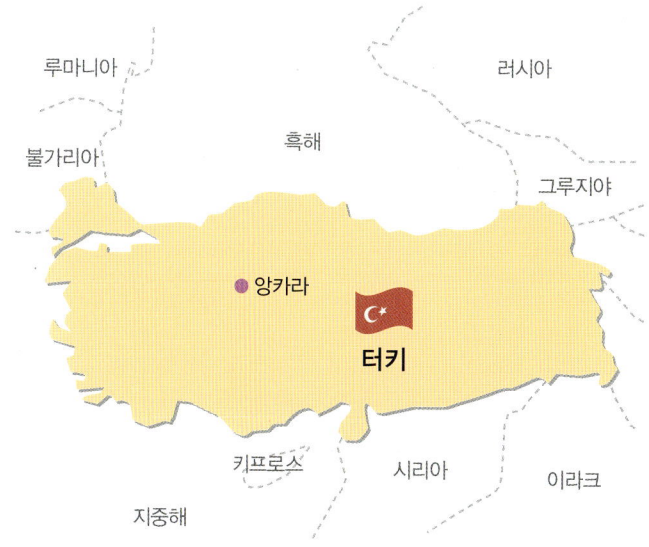

터키의 음식 문화는 어떤가요?

터키는 빵과 고기가 주식이에요. 터키의 빵은 바게트와 모양과 맛이 비슷하고, 바게트에 비해 길이가 짧은 타원형 모양이랍니다.

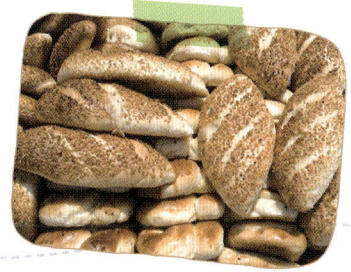

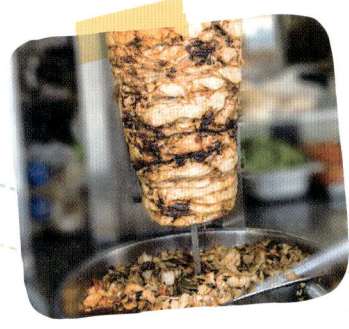

케밥(Kebap)은 터키어로 '구이'라는 뜻으로, 고기를 구워서 만든 요리는 모두 케밥이라고 말할 수 있어요. 고기의 종류에 따라 구분하기도 하고, 굽는 방식에 따라 구분하기도 하지요. 대부분의 터키인들은 주로 양고기를 먹어요.

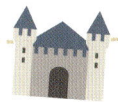

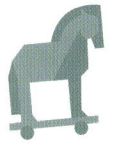

또한 터키는 목축업이 발달하여 유제품이 많고, 이를 이용한 달콤한 후식도 발달하였어요. 특히 쫄깃한 아이스크림이 세계적으로 유명하지요.

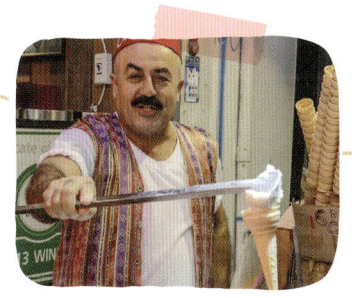

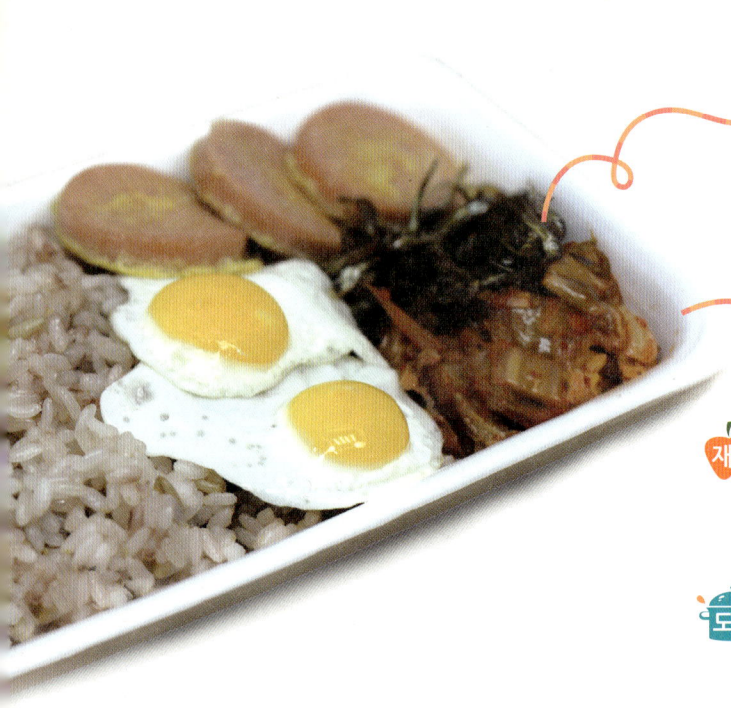

옛날 도시락
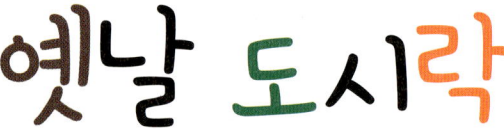

🍎 **재료** 밥 한 공기, 김치 50g, 멸치 한줌, 분홍 소시지 5쪽, 메추리알 2개, 밀가루 2큰술, 달걀 1개
[양념] 설탕(올리고당)·깨 2작은술

🍲 **도구** 도마, 칼, 프라이팬, 도시락, 뒤집개

 순서대로 따라해 보아요.

1
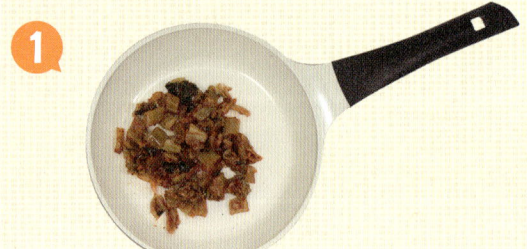

김치에 양념을 넣고 볶아 주세요.

2
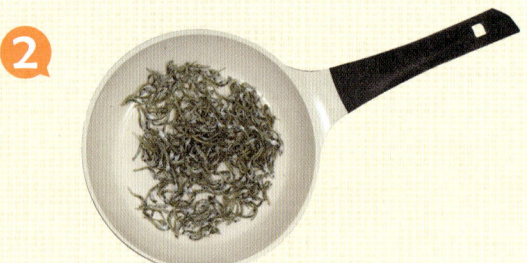

멸치에 양념을 넣고 볶아 주세요.

3
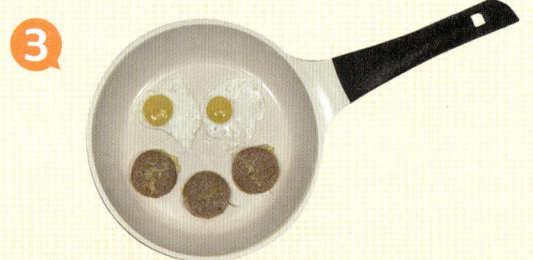

소시지는 밀가루, 달걀물 순으로 바른 후, 팬에 노릇하게 부쳐 주세요.

4
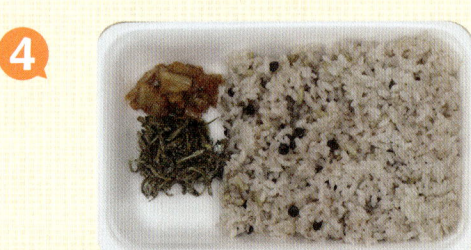

도시락에 밥과 반찬을 골고루 잘 담아 주세요.

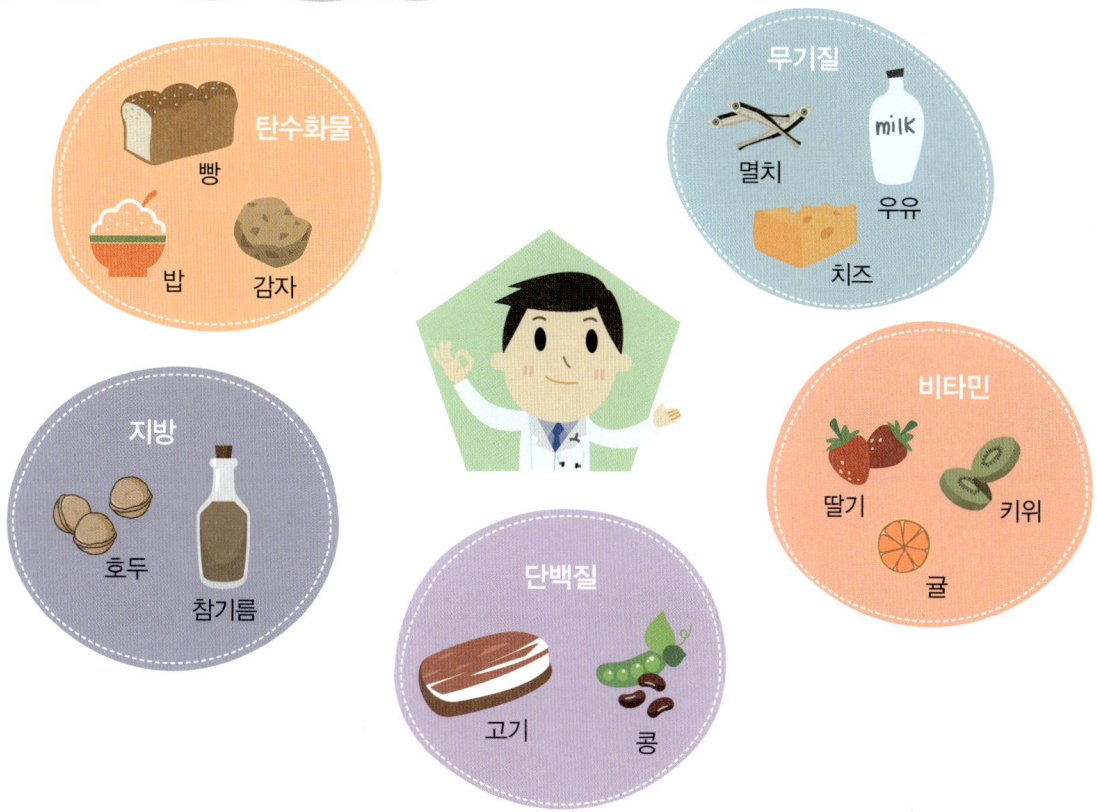

5대 영양소의 기능을 알아봐요.

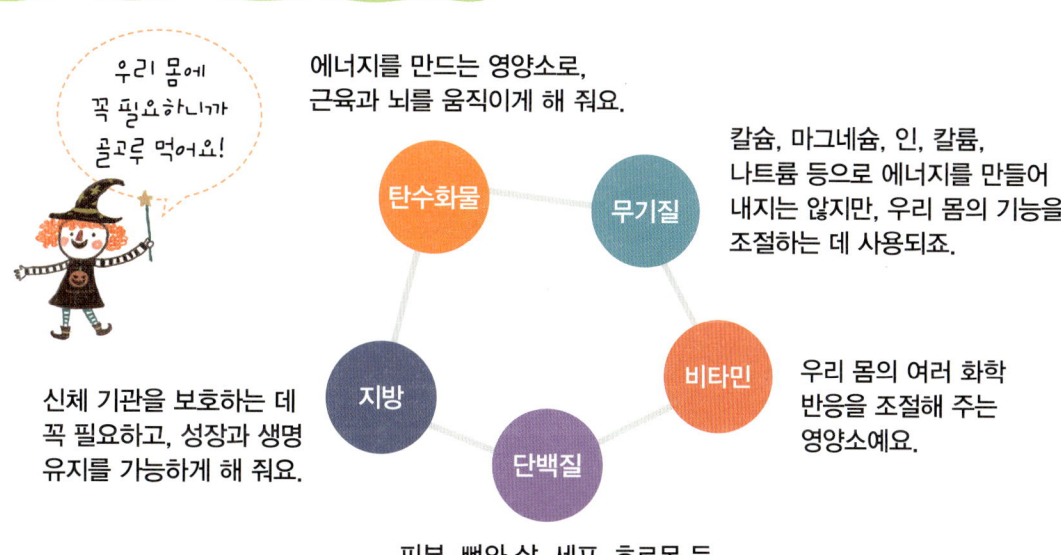

우리 몸에 꼭 필요하니까 골고루 먹어요!

에너지를 만드는 영양소로, 근육과 뇌를 움직이게 해 줘요.

칼슘, 마그네슘, 인, 칼륨, 나트륨 등으로 에너지를 만들어 내지는 않지만, 우리 몸의 기능을 조절하는 데 사용되죠.

우리 몸의 여러 화학 반응을 조절해 주는 영양소예요.

신체 기관을 보호하는 데 꼭 필요하고, 성장과 생명 유지를 가능하게 해 줘요.

피부, 뼈와 살, 세포, 호르몬 등 우리 몸을 구성하는 데 가장 기본적인 영양소라고 해요.

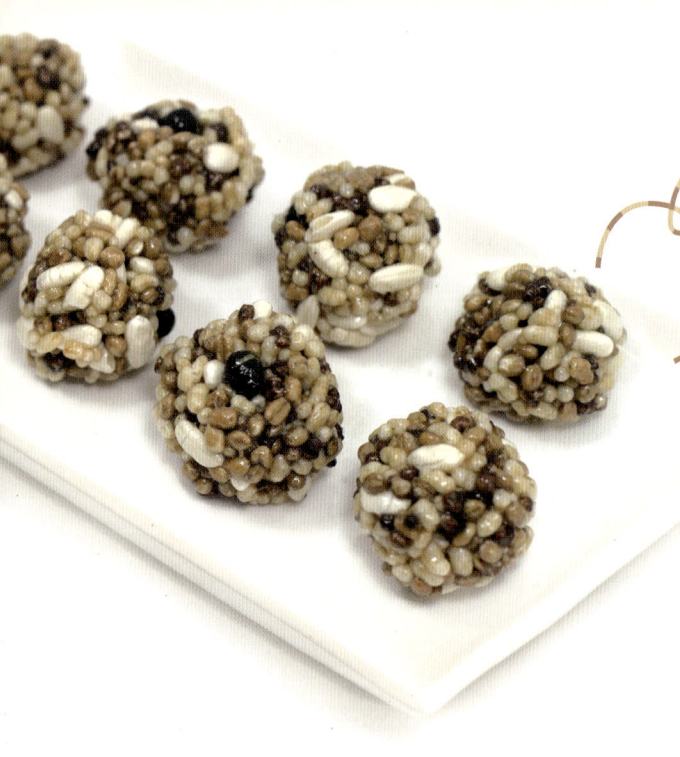

오곡강정

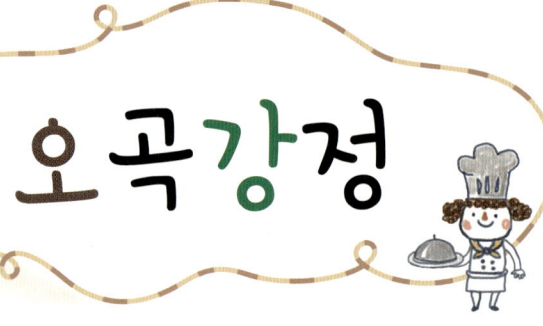

재료 튀밥·보리 1컵, 수수·통밀·현미·볶은 검은콩·
조청 1/2컵

도구 도마, 칼, 프라이팬, 위생 장갑, 뒤집개, 나무
꼬치

 순서대로 따라해 보아요.

1
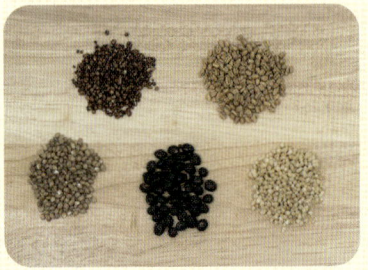
곡식을 먹어 보고 종류를 알아보세요.

2
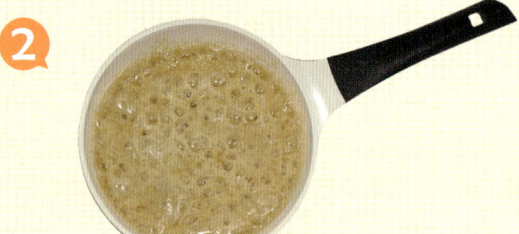
프라이팬에 조청을 바글바글 끓여 주세요.

3
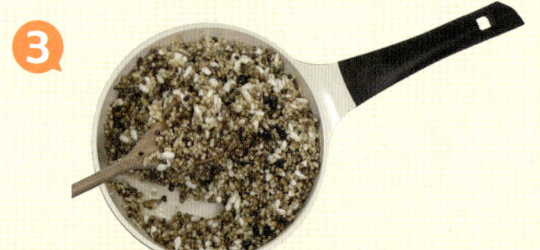
조청에 준비한 오곡 재료를 넣고, 잘
버무려 주세요.

4
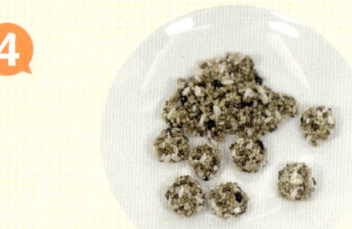
위생 장갑을 끼고 식용유를 묻힌 다음, 곡
물을 동글동글한 모양으로 만들어 주세요.

다섯 가지 곡식을 알아봐요.

생김새	이름	특징
	쌀	전분이 주 성분인 탄수화물입니다.
	보리	섬유소가 풍부하고, 구수한 맛이 납니다.
	수수	• 영양소가 일반 멥쌀보다 많습니다. • 성질이 따뜻하여 위와 장을 보호해 줍니다.
	통밀	식이 섬유소가 풍부하고 혈당이 오르는 것을 막아 줍니다.
	현미	• 왕겨를 벗겨 낸 상태로 도정되지 않았습니다. • 색이 누르스름하고, 비타민이 풍부합니다.

조청은 무엇일까요?

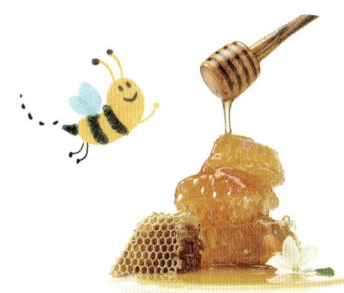

꿀벌이 꽃에서 빨아들여 벌집 속에 모아 두는 달콤한 액체인 꿀을 '청(淸)'이라고 해요.

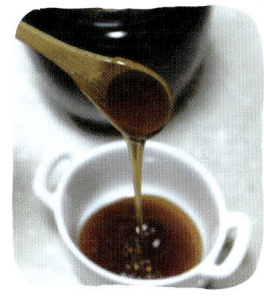

주로 곡식을 엿기름으로 삭혀서 조려 만들어요. 곡식 이외에도 고구마나 도라지 등 재료에 따라 다양한 조청을 만들 수 있어요.

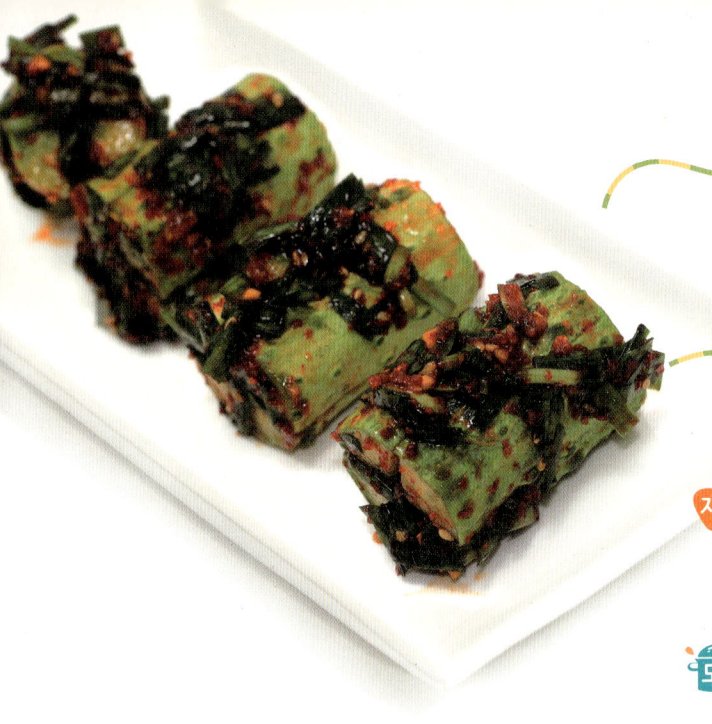

오이소박이

🍎 **재료** 오이 2개, 부추 한줌, 마늘 1개
[양념] 소금 1/2작은술, 고춧가루 1큰술, 설탕
1작은술, 액젓 1작은술, 깨 약간

🍲 **도구** 도마, 칼, 믹싱볼

순서대로 따라해 보아요.

1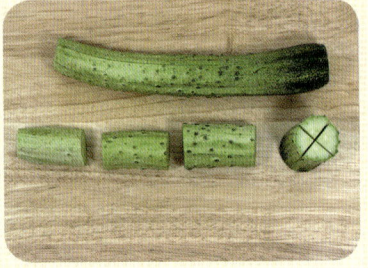

오이는 4등분한 후, 2/3 길이까지 열십자
모양으로 칼집을 내어 주세요.

2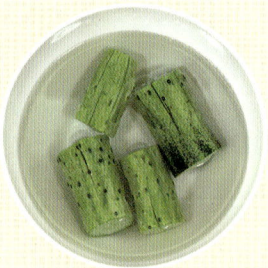

손질한 오이는 소금물에 담그고, 부추는
잘게 썰고, 마늘은 다져 주세요.

3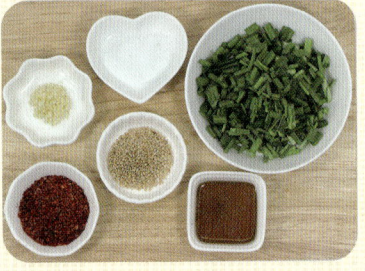

썰어 둔 부추와 마늘에 양념장을 넣어
섞어 주세요.

4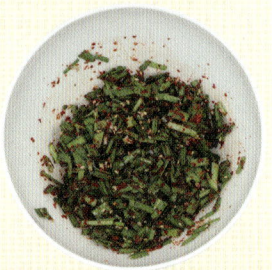

소금물에 절여 둔 오이는 물기를 제거한 후,
부추 양념장을 사이사이에 채워 주세요.

뿌리채소와 열매채소를 구분할 수 있나요?

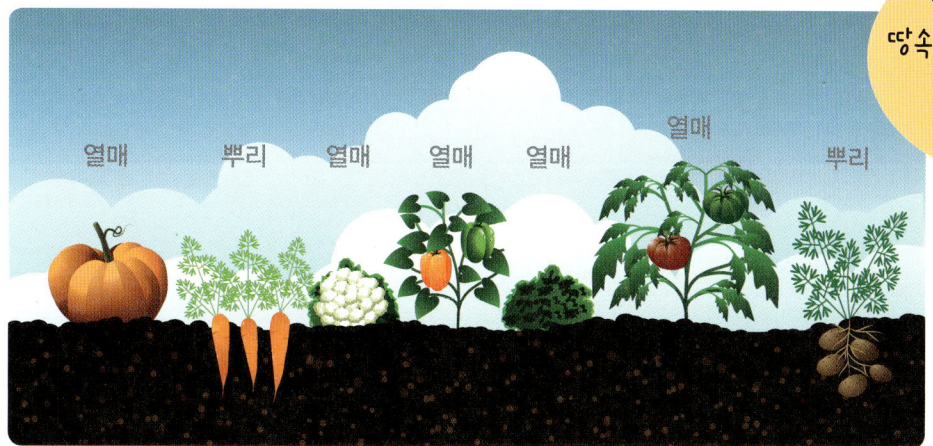

열매　뿌리　열매　열매　열매　열매　뿌리

뿌리채소는 뿌리나 땅속 줄기를 먹는 채소랍니다. 열매채소는 열매를 먹지요.

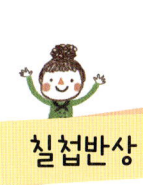 **김치의 위치를 알아봐요.**

김치는 반찬 수에 들어가지 않는 우리나라 상차림의 기본 반찬이에요.

삼첩반상

	김치	
장아찌	나물	구이
	간장	
밥		국

오첩반상

배추 김치	국물 김치	찌개
조림	나물	전	구이
마른찬	간장	초간장
밥		국

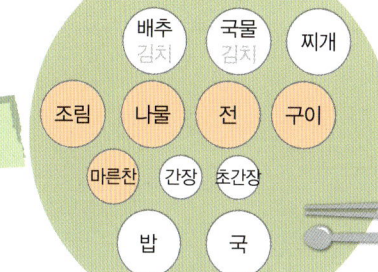

칠첩반상

배추 김치	국물 김치	
생채	숙채	조림	찜
마른찬	회	전	구이	찌개
초고추장	간장	초간장
밥		국

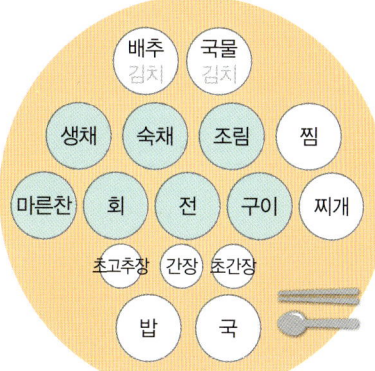

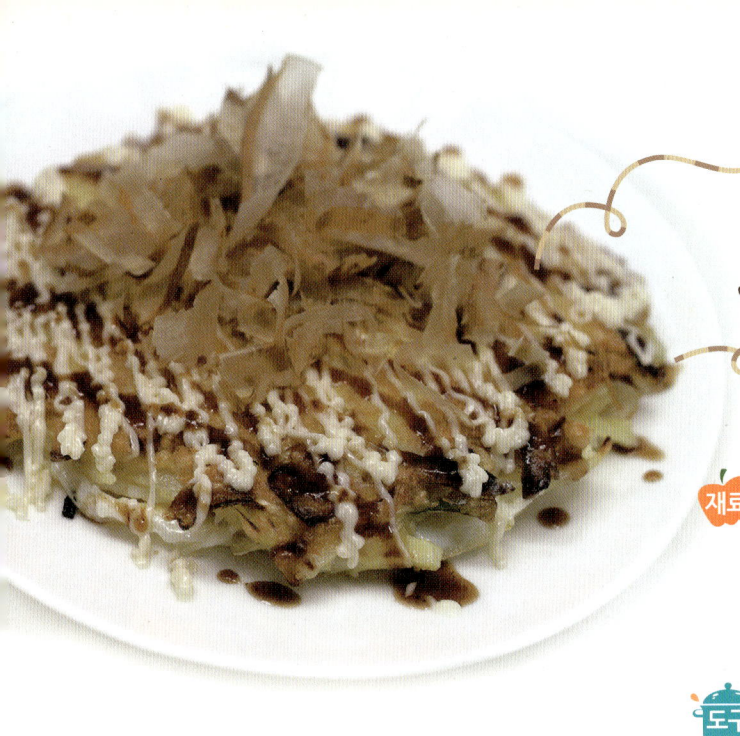

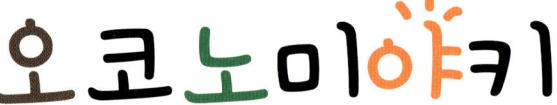

오코노미야키

재료 부침 가루 1컵, 양배추 2장, 양파 1/4개, 숙주·깐새우 50g, 베이컨 1장, 달걀 1개
[토핑] 가쓰오부시, 마요네즈, 데리야끼 소스 약간

도구 도마, 칼, 볼, 주걱, 프라이팬, 뒤집개

 순서대로 따라해 보아요.

1

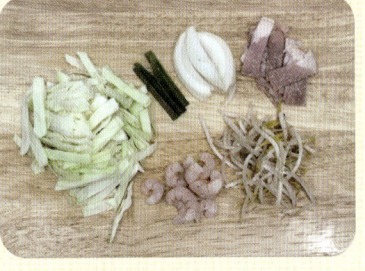

채소와 베이컨을 길쭉하게 썰고, 숙주는 꼬리와 머리를 다듬어 주세요.

2

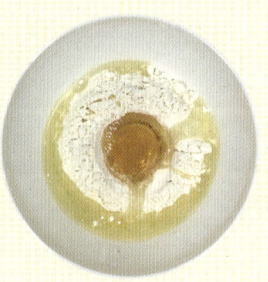

부침 가루에 달걀과 물을 넣고 반죽해 주세요.

3

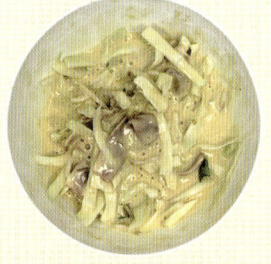

너무 묽지 않은 반죽에 손질한 재료들을 섞어 주세요.

4

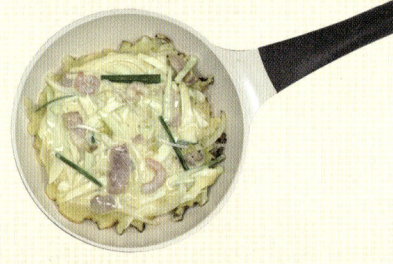

팬에 기름을 두르고, 적당한 크기로 부쳐서 토핑해 주세요.

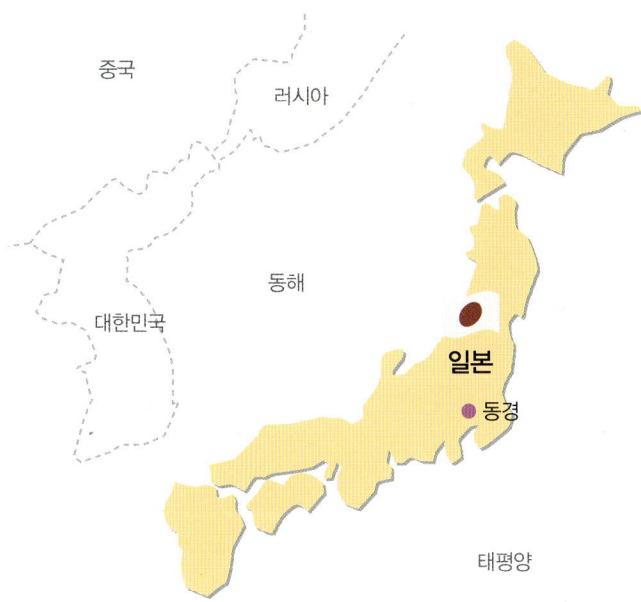

🦉 일본을 알아봐요!

◎ **위치** 동북아시아

◎ **수도** 도쿄

◎ **환율** 100엔 = 1,000원 정도

◎ **언어** 일본어

◎ **인구** 127,103,388명(2014), 10위

◎ **면적** 377,915 km², 62위

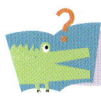 ## 일본의 음식 문화는 어떤가요?

◎ 향신료를 진하게 사용하지 않아요.

- 섬나라이므로, 어패류와 생선회가 발달되었다.
- 위생에 철저하여 1인분씩 따로 먹는다.

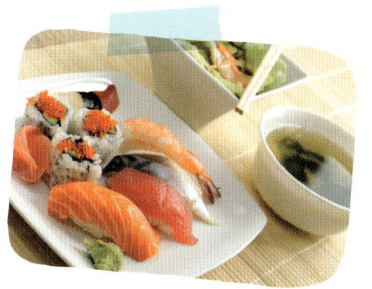

◎ 지역에 따라 전통적인 요리 특징이 있어요.

- 관서 : 전통적, 실용적, 합리적인 특징이 있는데, 주로 채소 요리가 발달하였다.
- 관동 : 설탕과 간장을 진하게 넣어 사용한다.

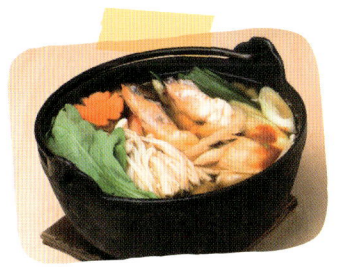

◎ 계절감과 시각적 느낌을 강조해요.

식사하기 전에 '잘 먹겠습니다' 라고 인사해요.

국도 젓가락으로 저어 가며, 들고 마셔요.

그릇을 왼손에 들고, 오른손으로 젓가락을 이용하죠.

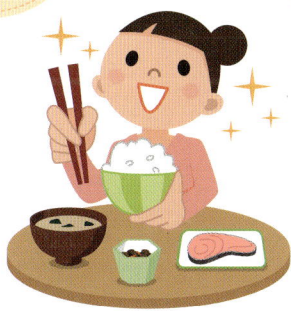

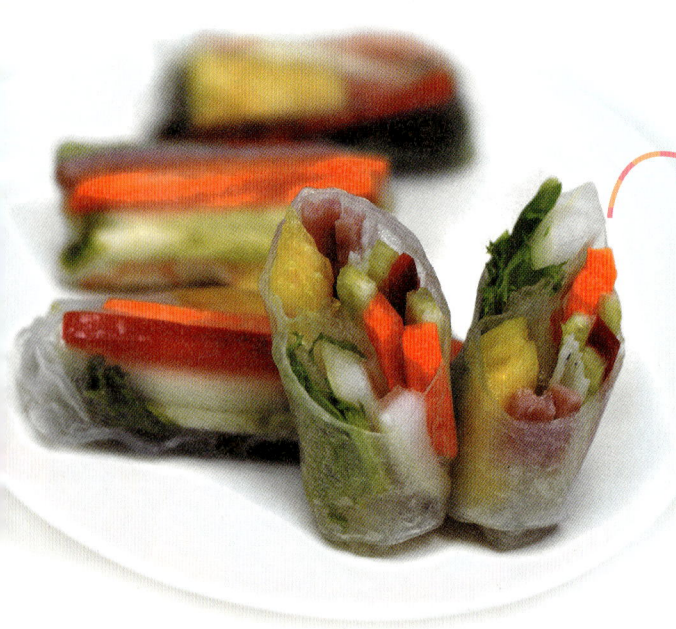

월남쌈

재료 당근 1/10개, 양파 1/8개, 파프리카 1/6개, 오이 1/4개, 잘린 파인애플 1개, 햄 2장, 치커리 3장, 맛살 1개, 라이스 페이퍼 10장
[소스] 스위트칠리 소스

도구 도마, 칼, 냄비

순서대로 따라해 보아요.

 1

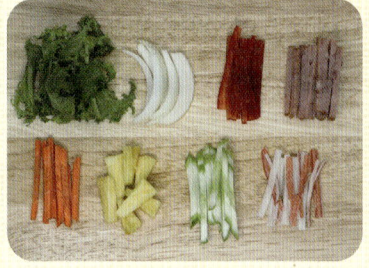

채소는 채 썰고, 맛살은 손으로 찢어 주세요.

2

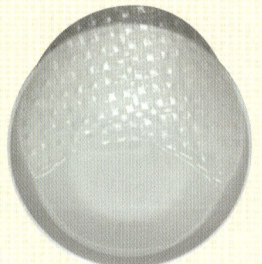

라이스 페이퍼를 물에 담가 적셔 주세요.

 3

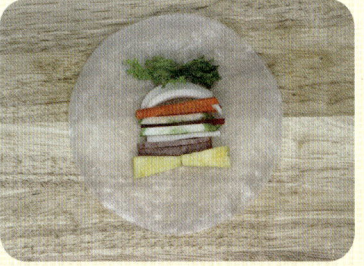

젖은 라이스 페이퍼 위에 재료를 넣고, 잘 접어 주세요.

4

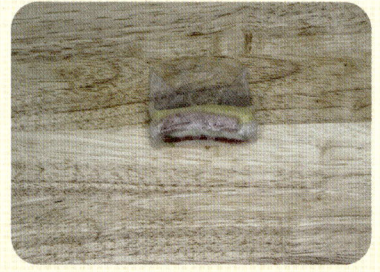

재료가 잘 감싸지도록 접어 돌돌 말아 주세요.

베트남을 알아봐요.

- ◎ **위치** 인도차이나 반도 동부
- ◎ **수도** 하노이
- ◎ **환율** 100동(VND) = 5원 정도
- ◎ **언어** 베트남어
- ◎ **인구** 93,421,835명(2014), 14위
- ◎ **면적** 331,210 km², 66위

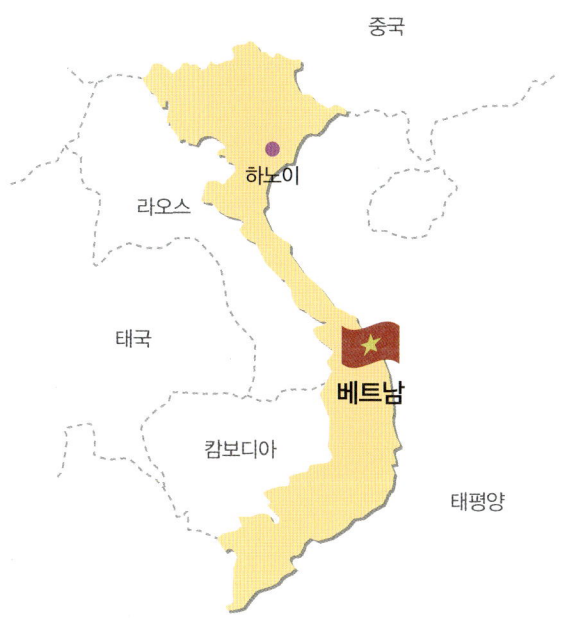

베트남 요리는 왜 쌀을 많이 이용할까요?

베트남은 1년에 세 번 농사를 지을 수 있어요. 대부분 쌀 농사를 짓고 있는데, 이 쌀은 베트남의 중요한 수출품이에요. 소비에 비하여 생산되는 양이 많기 때문에 라이스 페이퍼와 같은 쌀 가공품을 많이 만들고 있답니다.

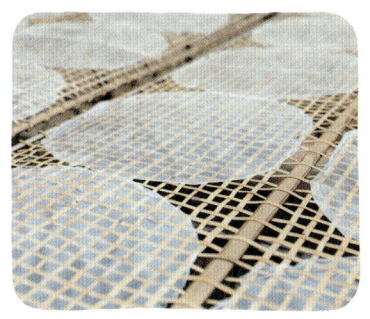
라이스 페이퍼

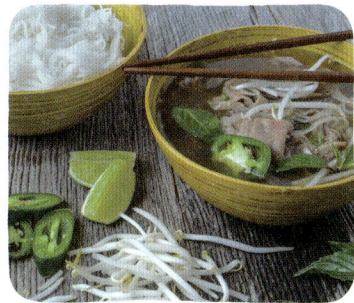
쌀국수

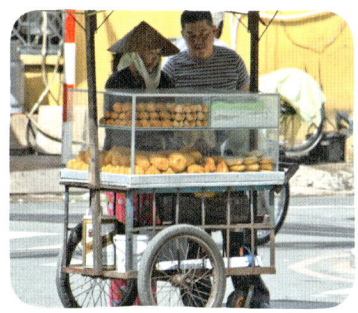
반미(베트남식 바게트)

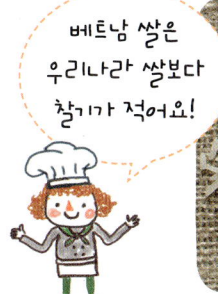
베트남 쌀은 우리나라 쌀보다 찰기가 적어요!

베트남 쌀

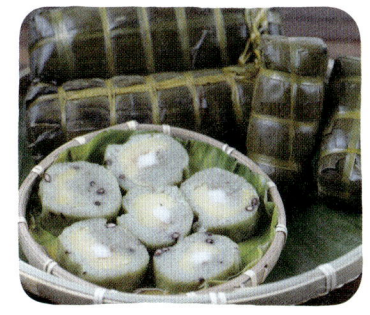
반 뗏(베트남식 떡)

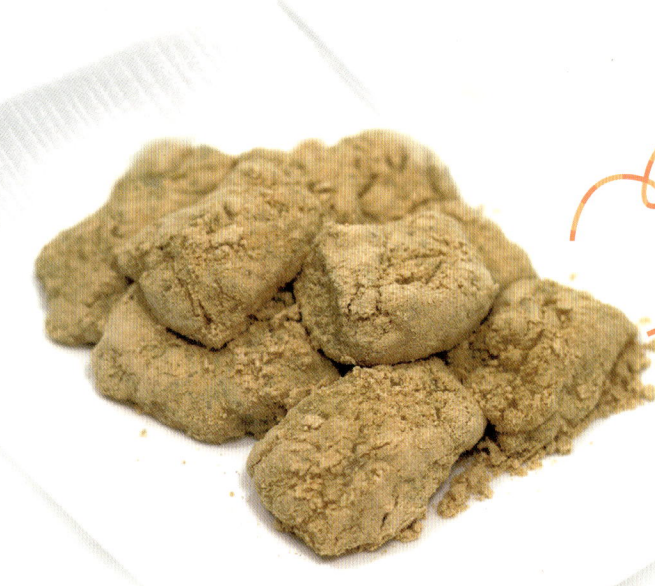

인절미

재료 찹쌀밥 200g(소금 1/10큰술, 설탕 1/3큰술)
[고물] 볶은 콩고물 1/2컵, 카스텔라 1/2컵
도구 도마, 칼, 절구, 체, 방망이

 순서대로 따라해 보아요.

1

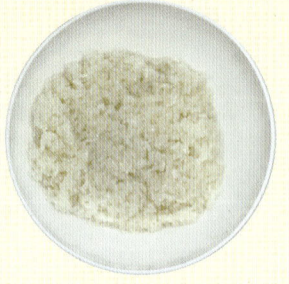

찹쌀밥을 준비해 절구에 찧어 주세요.

2

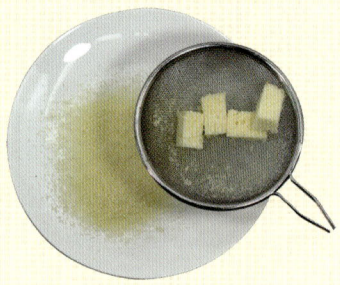

카스텔라는 체에 내려 고물을 만들어 주세요.

3

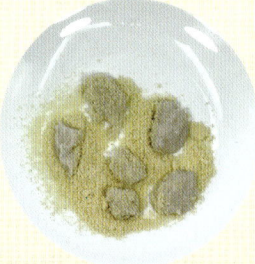

찹쌀밥 반죽을 한입 크기로 떼어 카스텔라 고물을 잘 묻혀 주세요.

4

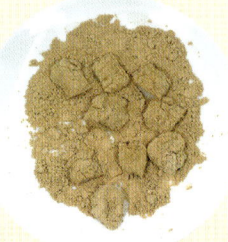

나머지 찹쌀밥 반죽을 한입 크기로 떼어 콩고물을 잘 묻혀 주세요.

왜 인절미인가요?

충분히 불린 찹쌀을 밥처럼 찌고 떡메로 쳐 모양을 만든 뒤, 여러 가지 고물을 묻힌 떡이에요. 잡아당겨 자르는 떡이라는 뜻이지요. 또 옛날에 임씨 농부가 찰떡을 해서 임금님께 바쳤는데, 그 떡 맛이 좋았다고 해요. 임금이 신하들에게 그 이름을 물었고, 임서방이 절미한 떡이라 하여 '임절미'라고 부르기 시작한 것이라네요.

떡의 종류를 알아봐요.

만드는 방법에 따라	떡이름	생김새
찌는 떡	시루떡, 무지개떡, 백설기	
치는 떡	인절미	
지지는 떡	화전, 빙떡	
삶는 떡	경단	

시루떡 무지개떡

화전 경단

찹쌀과 멥쌀을 비교해 봐요.

멥쌀	• 아밀로오스의 함량이 높다. • 아밀로펙틴이 섞여 있다. • 색이 투명하다.	가래떡
찹쌀	• 아밀로오스의 함량이 낮다. • 아밀로펙틴이 대부분이다. • 찰기가 멥쌀보다 많다.	찰떡

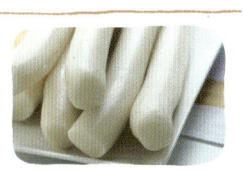
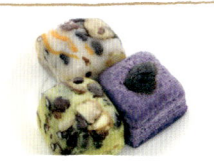

멥쌀로 우리가 매일 먹는 쌀밥을 만들어요~

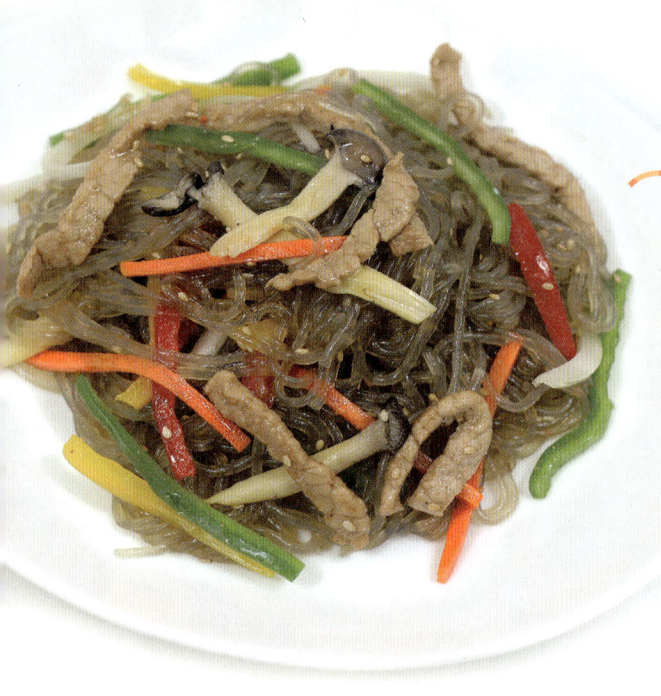

잡채

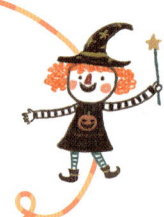

🍎 **재료** 당면 150g, 색깔 별로 파프리카 1/4개, 당근 1/8개, 양파 1/4개, 느타리버섯 한줌, 돼지고기 50g

[양념] 간장 1큰술, 설탕 1작은술, 후추·마늘·참기름·깨 조금

🍲 **도구** 도마, 칼, 냄비, 체, 프라이팬, 뒤집개

 **순서대로 따라해 보아요.**

1
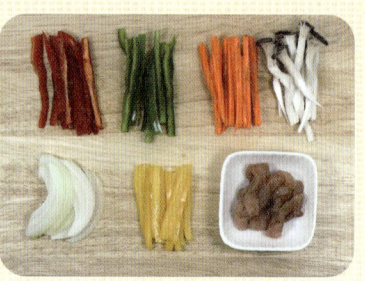

느타리버섯은 손으로 찢어 주고, 다른 채소와 고기는 채썰어 주세요.

2
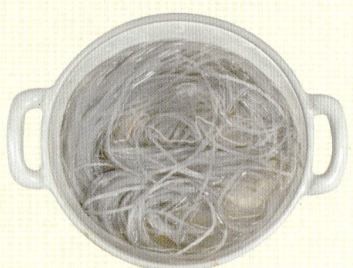

당면은 삶아 양념해 주세요.

3
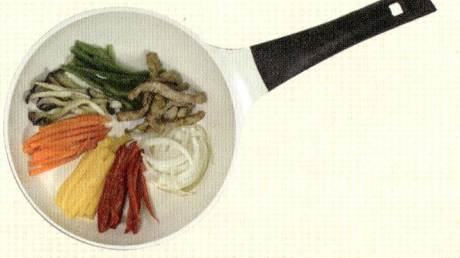

손질한 채소와 고기를 팬에서 볶아 주세요.

4
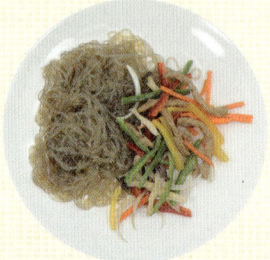

삶은 당면과 채소, 고기, 참기름을 넣고 잘 섞어 주세요.

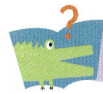 **전통적인 다섯 색을 찾아볼까요?**

우리 조상들은 옛부터 우주 만물의 근본이 되는 다섯 가지 색인 오방색(청색, 흰색, 적색, 흑색, 황색)을 함께 사용하였어요.

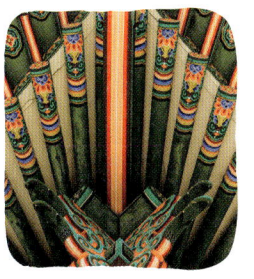
단청

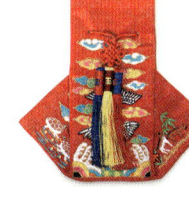
색동 장식

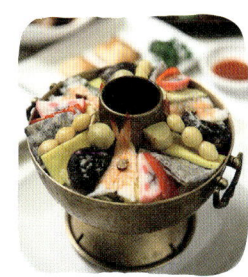
신선로

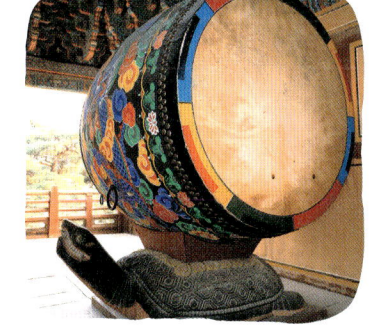
북

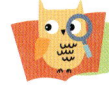 **우리나라의 국수를 알아봐요.**

면의 이름	면의 재료	면의 특징	면의 모양
당면	전분 가루	쫄깃쫄깃함.	
소면	밀가루	부드러움.	
메밀면	메밀가루	뚝뚝 끊어짐.	
냉면	메밀가루, 전분 가루	탱글탱글하게 질김.	
쫄면	전분 가루, 밀가루	고무줄처럼 질김.	

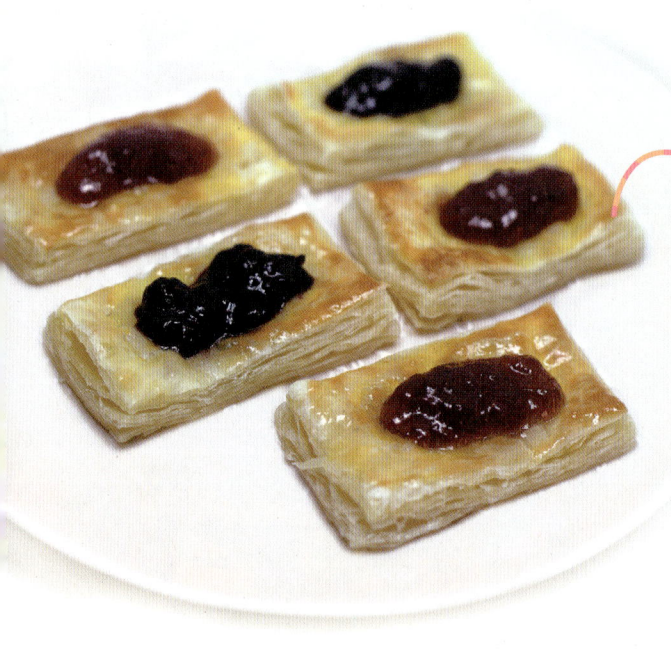

잼 파이

 재료 페이스트리 반죽 2장, 달걀 1개, 딸기 잼·블루베리 잼 30g

 도구 도마, 칼, 포크, 붓, 오븐

  순서대로 따라해 보아요.

1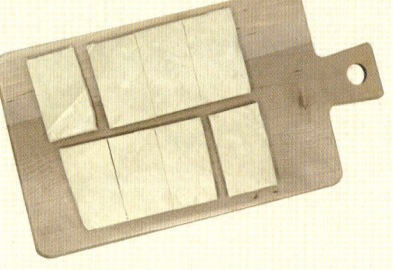

파이 반죽을 등분해 주세요.

2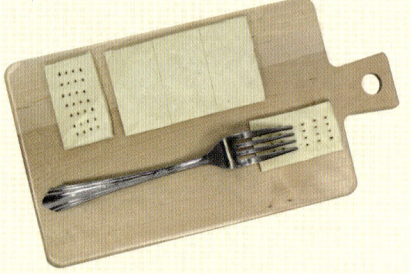

등분한 파이 반죽에 포크로 구멍을
내 주세요.

3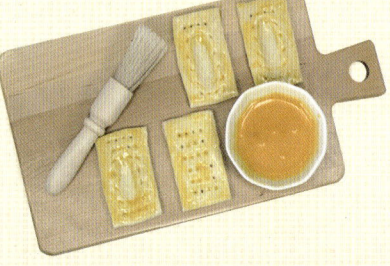

달걀 물을 파이 반죽 윗면에 바르고,
오븐에 구워 주세요.

4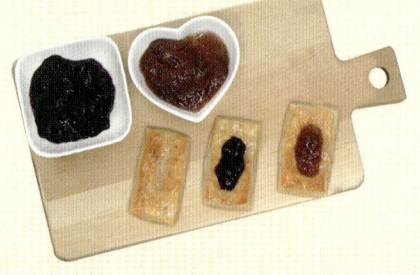

구워진 파이에 잼을 올려서 꾸며 주세요.

이 빵의 이름은 무엇일까요?

'페이스트리'는 밀가루 반죽 안에 버터나 마가린 같은 유지류를 넣고, 차게 만들어서 200도 이상의 고온으로 구워 바삭하게 만든 빵이에요. 지금의 모양은 18세기 프랑스에서 시작되었고, 이후 유럽과 미국을 거쳐 전 세계로 퍼지게 되었답니다.

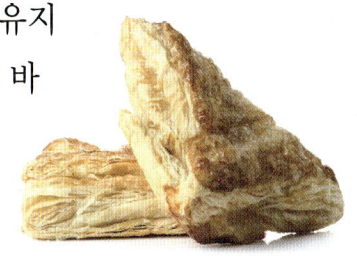

잼에는 3가지가 꼭 필요해요!

• 산도 : 3.5PH, 맛과 살균 작용을 위해 적당한 산이 필요한데, 주로 레몬 즙을 많이 이용하고 있어요.
• 당도 : 65~67%, 당분을 첨가하여 과일 안의 미생물이 자라지 못하게 하여 오래 저장할 수 있어요.
• 펙틴 : 1%, 잼의 농도를 조절하고, 식물성 섬유질로 소화를 도와줘요. 섬유질의 한 종류로, 주로 과일 껍질에 많이 들어 있답니다.

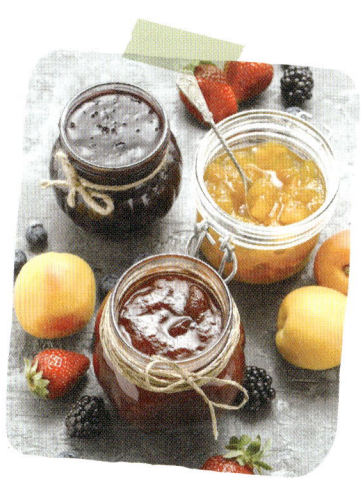

어떤 과일로 잼을 만들까요?

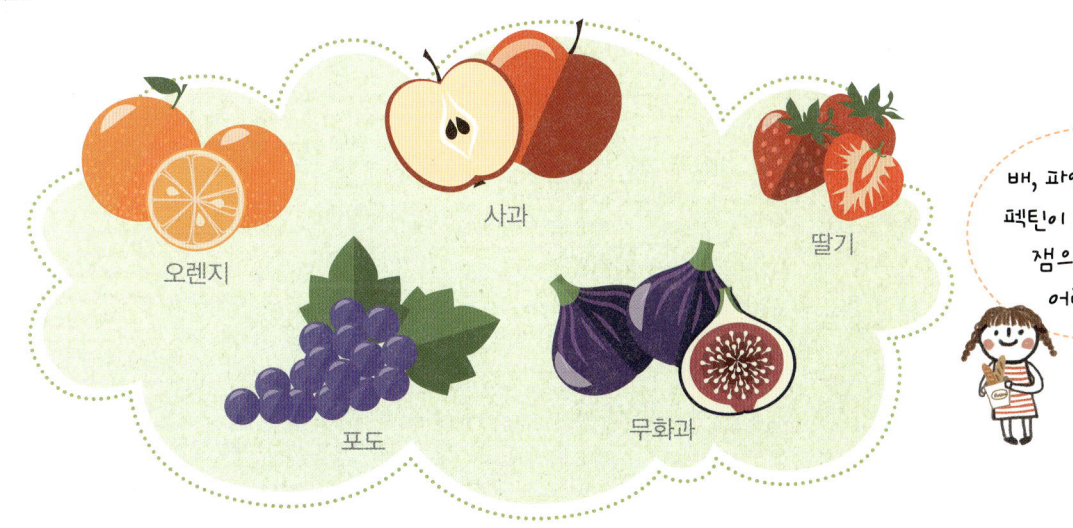

오렌지

사과

딸기

포도

무화과

배, 파인애플, 감은 펙틴이 없기 때문에 잼으로 만들기 어려워요.

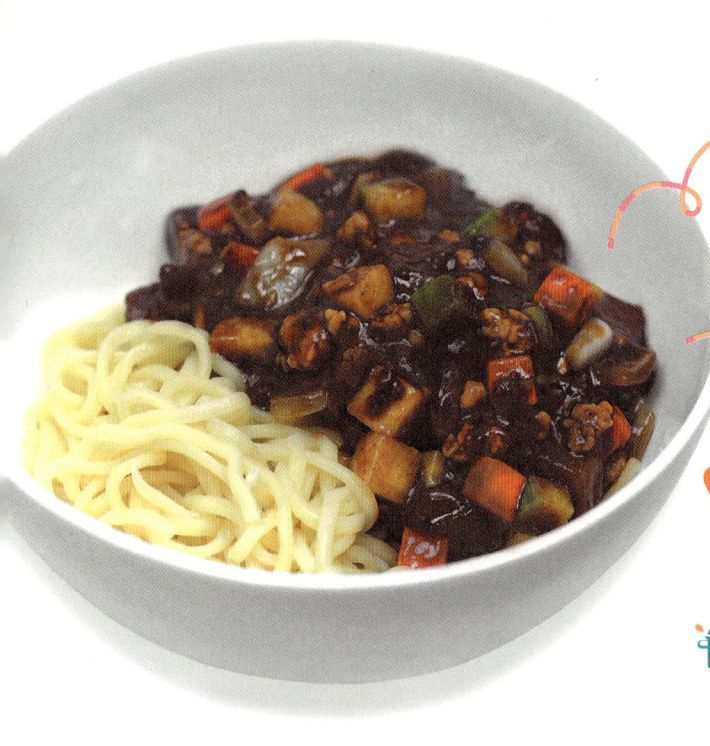

짜장면

재료 생면 1인분, 돼지고기 50g, 양파 1/2개, 당근·호박 1/6개, 감자 1/4개, 춘장 2큰술, 다진 마늘 1작은술

도구 도마, 칼, 냄비, 체, 프라이팬, 뒤집개

  순서대로 따라해 보아요.

1
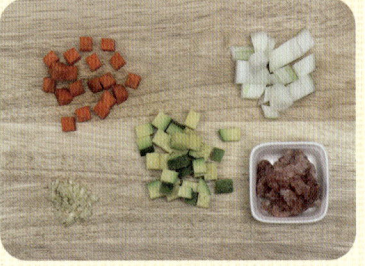
고기와 채소를 깍둑 썰기해 주세요.

2
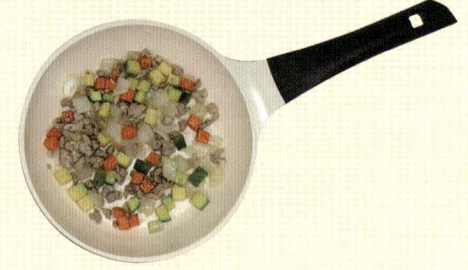
팬에 고기와 마늘을 먼저 볶은 뒤, 채소를 넣고 함께 볶아 주세요.

3
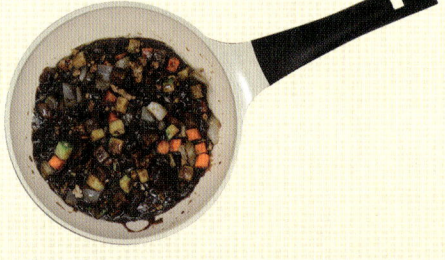
물과 춘장을 넣고, 함께 끓여 주세요.

4
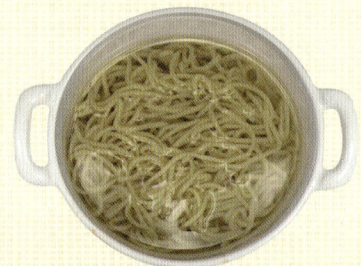
끓는 물에 면을 넣고 삶은 후, 물기를 빼서 그릇에 담고 짜장 소스를 부어 주세요.

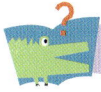 **중국을 알아봐요.**

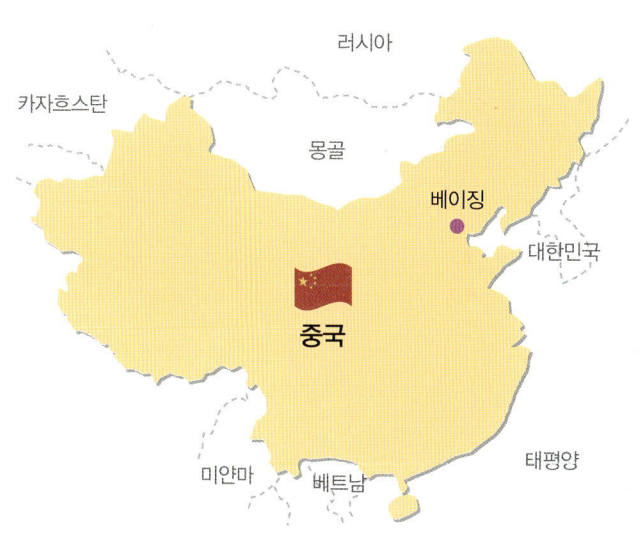

- **위치** 아시아 동부
- **수도** 베이징
- **환율** 1위안 = 180원 정도
- **언어** 중국어
- **인구** 1,355,692,576명(2014), 1위
- **면적** 9,596,960 km², 4위

한국 짜장면은 어떻게 생겨났나요?

지금의 인천은 1883년에 제물포라 불리었고, 외국과 무역을 할 수 있게 개방되어 있었어요. 이때 청나라 영사관이 우리나라에 들어오면서 '차오장면(炒醬麵)'이라는 음식도 함께 가져온 것이에요. 이후 우리에게 익숙한 짜장면의 모습은 1905년 인천의 차이나타운에서 처음 나타났어요. 양파와 고기를 충분히 넣어 단맛이 강하고, 춘장과 물, 전분을 함께 넣어 부드러운 맛을 강조하였답니다.

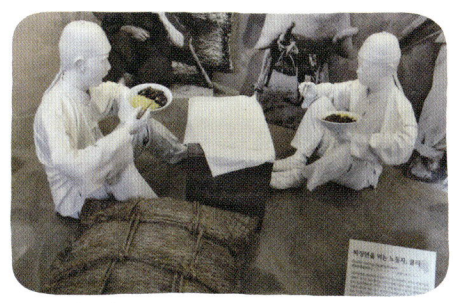

일제 침략 시기 짜장면을 먹으며 일한 부두 노동자

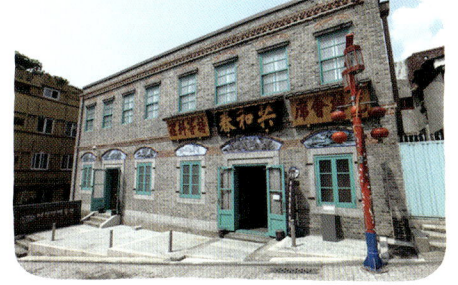

인천 짜장면 박물관, 짜장면이란 이름으로 처음 음식을 팔았던 공화춘 자리에 세워짐.

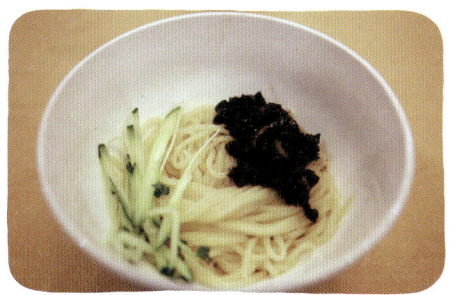

100년 전의 짜장면

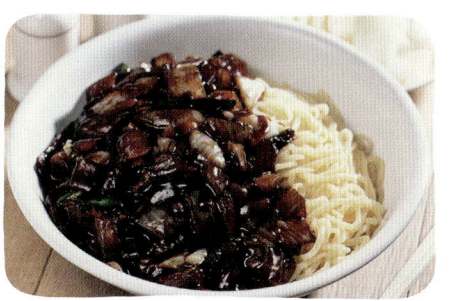

현재의 짜장면

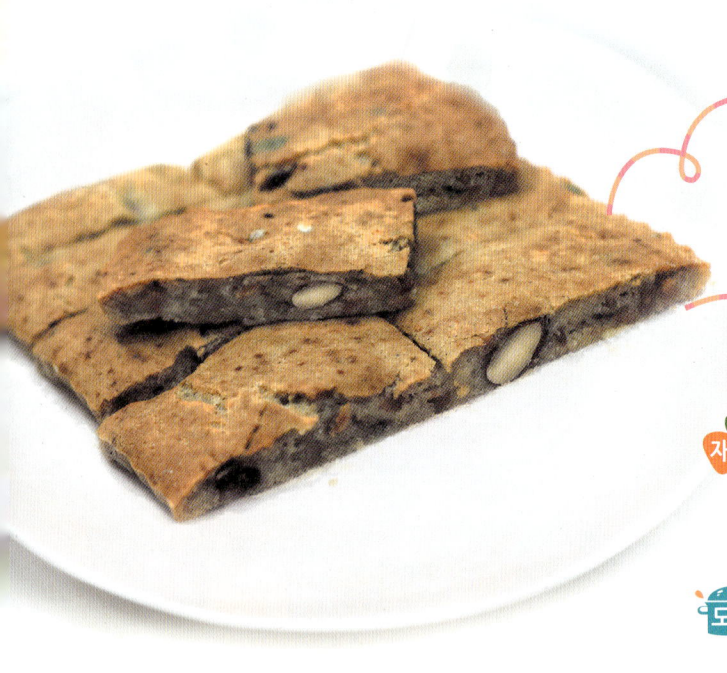

찹쌀 파이

 재료 찹쌀가루 300g, 베이킹파우더 1작은술, 소금 1작은술, 갈색 설탕 80g, 우유 200g, 달걀 1개, 견과 조금

도구 볼, 거품기, 오븐, 오븐 용기

  순서대로 따라해 보아요.

1
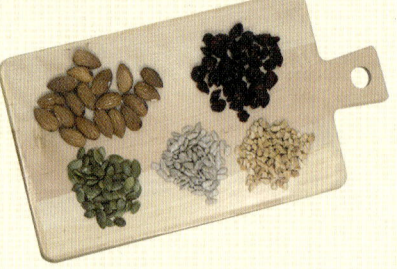
여러 가지 견과를 준비해 주세요.

2
분량의 재료를 섞어 반죽해 주세요.

3
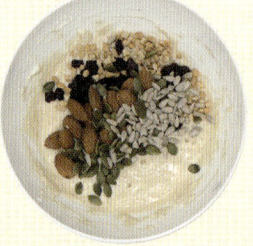
반죽에 견과를 넣고 섞어 주세요.

4
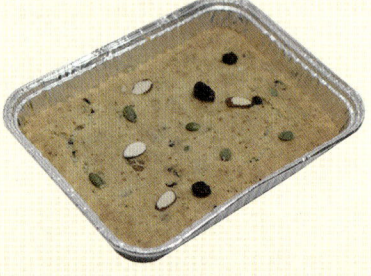
오븐 용기에 반죽을 부어, 예열된 오븐에 구워 주세요.

여러 견과의 영양을 알아봐요.

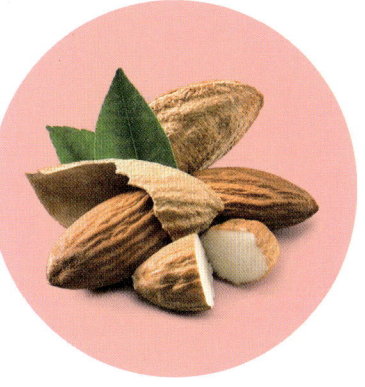

아몬드
(비타민E, 노화 예방)

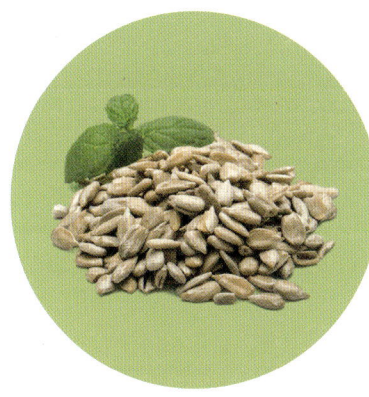

해바라기 씨
(피토스테롤, 성인병 예방)

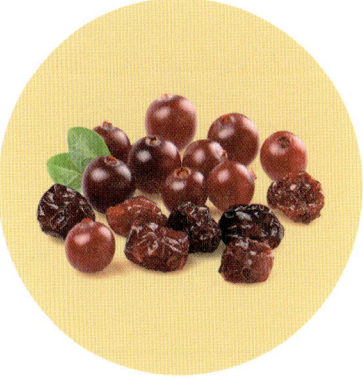

크랜베리
(안토시아닌, 시력 개선)

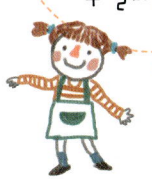

견과란
단단한 껍질에 싸여
한 개의 씨만 들어 있는
나무 열매를 말해요.

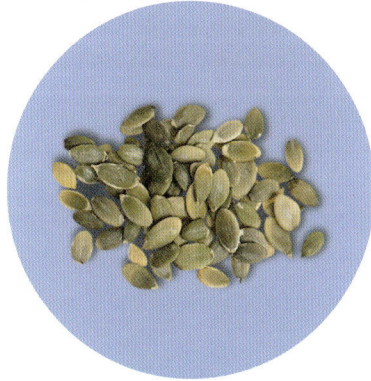

호박씨
(비타민E, 피로 회복)

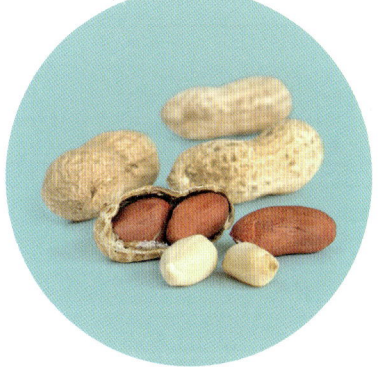

땅콩
(올레인산, 콜레스테롤 저하)

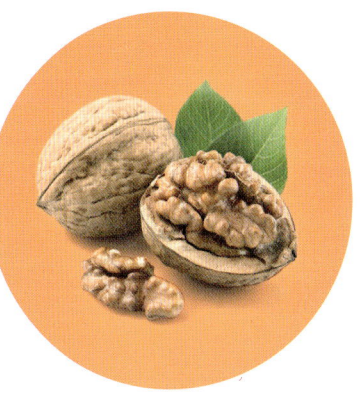

호두
(리놀렌산, 동맥 경화 방지)

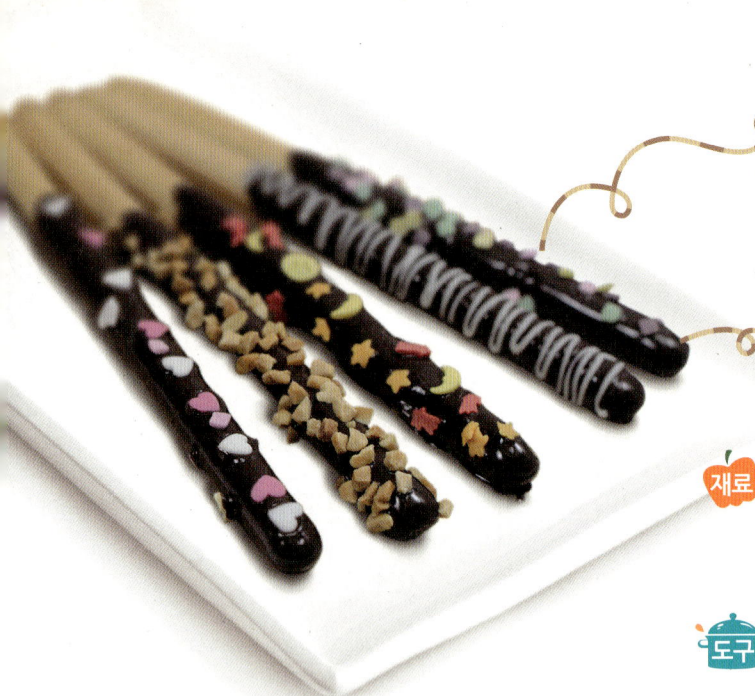

초콜릿 스틱
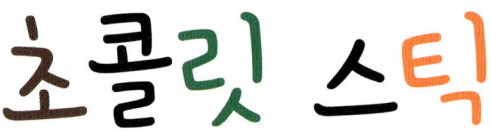

 재료 막대 과자 10개, 밀크 초콜릿 150g, 화이트 초콜릿 50g, 땅콩 가루 10g, 크런치 10g, 기타 꾸밈 재료 10g

도구 도마, 칼, 냄비, 체, 프라이팬, 뒤집개

 순서대로 따라해 보아요.

①
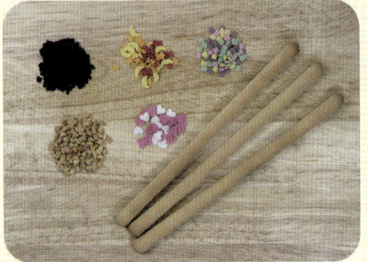
분량의 재료를 준비해 주세요.

②
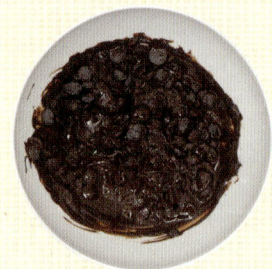
초콜릿을 중탕으로 녹여 주세요.

③
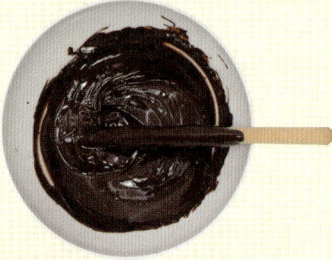
녹인 초콜릿을 막대 과자에 묻혀 주세요.

④
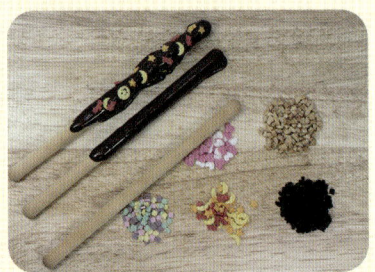
여러 가지 재료를 이용하여 초콜릿 막대를 예쁘게 꾸며 주세요.

🦉 초콜릿의 역사를 알아봐요.

우리가 좋아하는 초콜릿은 카카오나무 열매의 씨를 볶아 만든 가루에 우유, 설탕, 향료 등을 섞어 만들어요. 카카오나무는 멕시코와 중앙아메리카, 남아메리카 지역이 고향이라고 할 수 있어요. 약이나 화폐로 사용되던 '신의 열매'가 콜럼버스의 항해를 통해 유럽으로 건너갔고, 프랑스의 화려한 궁정 문화를 만나 고급스럽게 변화하게 된 것이지요.

그 후 우리나라에서는 조선 시대 말 러시아 공관 부인이 서양 과자와 화장품, 초콜릿을 명성황후에게 바친 것이 처음이라고 해요.

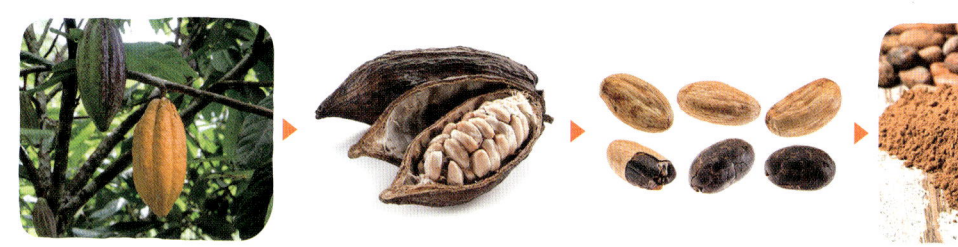

🐊 초콜릿은 어떻게 녹일까요?

직접 가열하지 않고, 물이 담긴 용기 위에 다른 용기를 올려 간접적으로 가열하는 '중탕'으로 녹여야 해요.

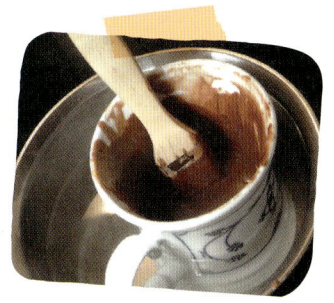

🐊 초콜릿은 몇 도에 녹나요?

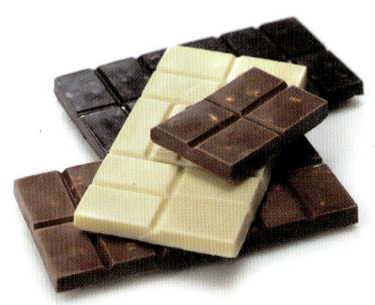

- 다크 초콜릿은 46~48℃ (115~118℉)에 녹아요.
- 밀크 초콜릿은 40~45℃ (104~113℉)에 녹아요.
- 화이트 초콜릿은 38~43℃ (100~109℉)에 녹아요.

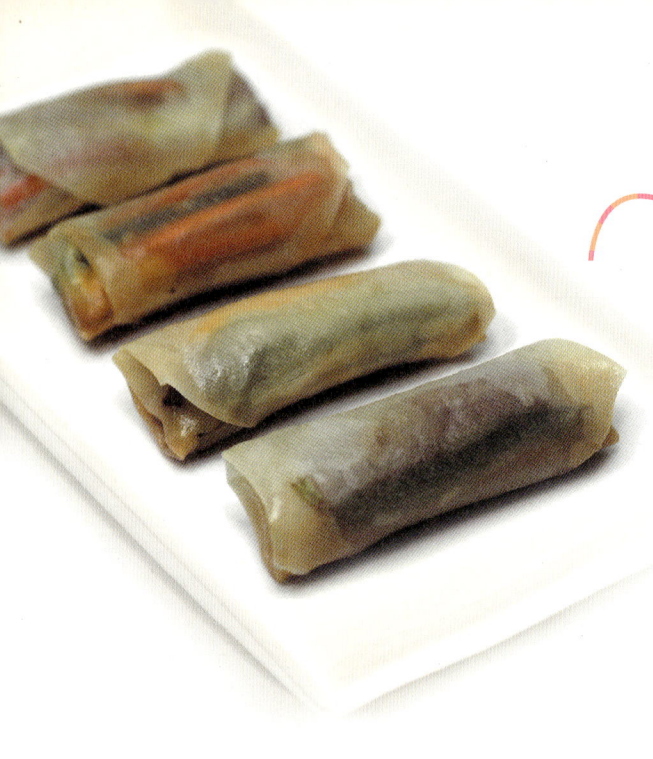

춘권

재료 양파 1/8개, 당근 1/10개, 피망 1/4개, 슬라이스햄 1장, 크래미 1쪽, 치즈 1장, 춘권피 4장, 소금, 후추

도구 도마, 칼, 체, 프라이팬, 뒤집개, 나무젓가락

 순서대로 따라해 보아요.

1
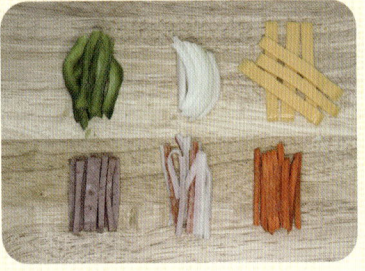
모든 재료를 채썰어 주세요.

2
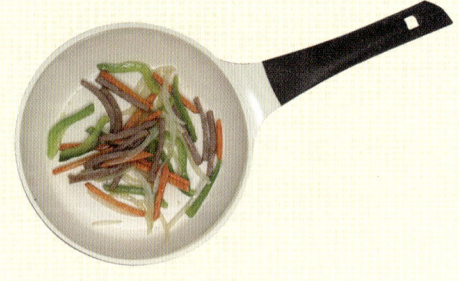
팬에 재료를 넣고 소금, 후추로 간을 하며 볶아 주세요.

3
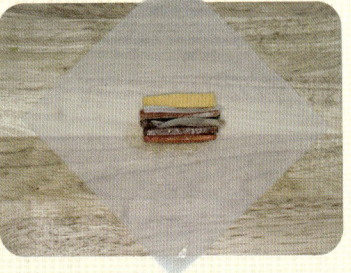
춘권피에 재료를 올린 후, 편지 봉투 모양으로 접어 주세요.

4
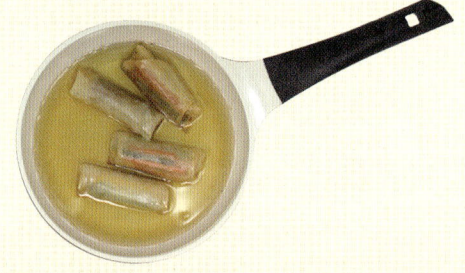
기름을 넉넉하게 붓고 노릇하게 튀겨 주세요.

왜 춘권(春卷)인가요?

중국에서는 '춘취안'이라고 발음해요. 우리의 튀긴 만두와 비슷하지요. 밀가루 피에 여러 가지 채소와 고기, 과일 등을 넣어 잘 말았답니다. 중국에서는 봄을 맞이하는 명절인 춘절에 먹는 대표 음식이에요. 영어로는 스프링 롤(spring roll)이라고 한답니다.

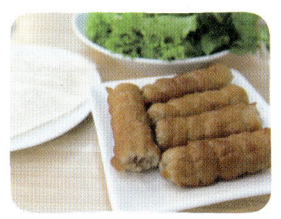 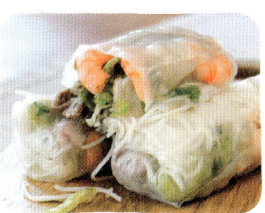 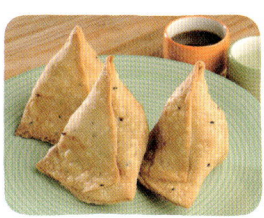 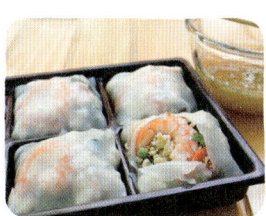

베트남의 차조   베트남의 고이쿠온   인도, 네팔의 사모사   태국의 스프링 롤

중국의 대표 요리를 알아봐요.

◎ 베이징(북경) 요리

중국을 대표하는 도시로 튀김 요리나, 볶음 요리 등의 기름진 음식이 많다. 대표 음식으로 북경오리를 뜻하는 베이징 덕이 있다.

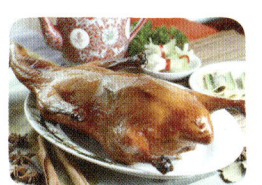

◎ 쓰촨(사천) 요리

곡창 지대로 유명하여 해산물을 제외한 재료들이 풍부하고, 매운 맛의 향신료를 많이 사용한다. 대표 음식으로 마파두부가 있다.

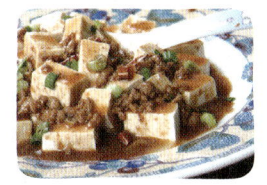

◎ 광저우(광둥) 요리

외국과의 교류가 빈번한 지역으로, 전통 요리에 외국 요리의 영향을 받아 위의 중국 음식보다 싱거우며, 덜 기름진 것이 특징이다. 대표 음식으로 딤섬이 있다.

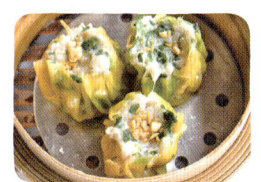

◎ 상하이(상해) 요리

바다가 가까워 해산물을 많이 사용하며, 간장과 설탕을 많이 사용하는 것도 특징이다. 대표 음식으로 동파육이 있다.

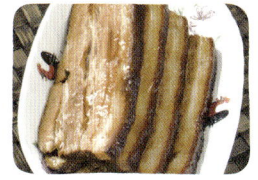

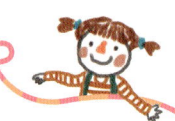

커리 & 난

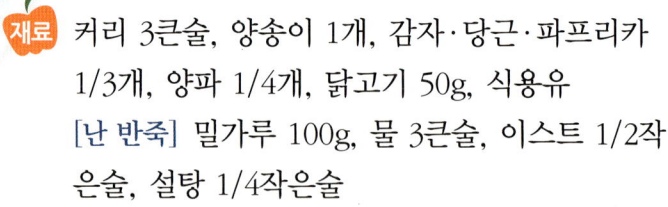

재료 커리 3큰술, 양송이 1개, 감자·당근·파프리카 1/3개, 양파 1/4개, 닭고기 50g, 식용유
[난 반죽] 밀가루 100g, 물 3큰술, 이스트 1/2작은술, 설탕 1/4작은술

도구 도마, 칼, 냄비, 프라이팬, 주걱, 오븐

 순서대로 따라해 보아요.

❶
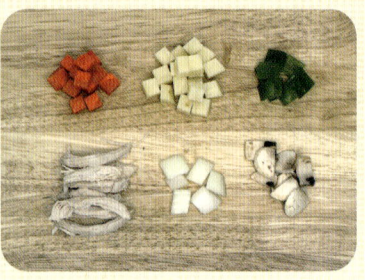
채소를 깍둑 썰기하고, 닭가슴 살은 잘게 찢어 주세요.

❷
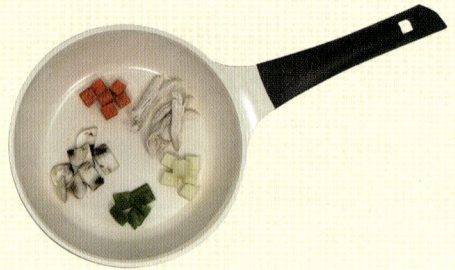
팬에 채소와 닭고기를 볶다가 물을 넣고 끓여 주세요.

❸

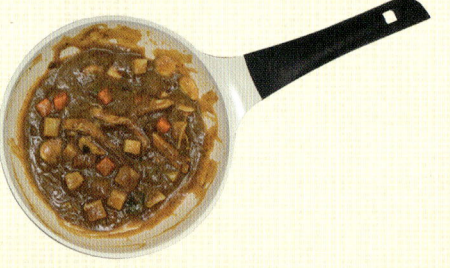
커리 가루를 풀어서 넣은 후, 한번 더 끓여 주세요.

❹
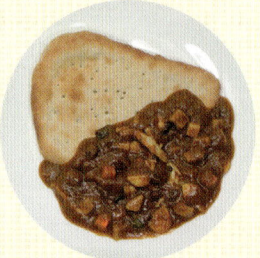
난 반죽은 밀대로 밀어서 모양을 잡고, 오븐에 구워 주세요.

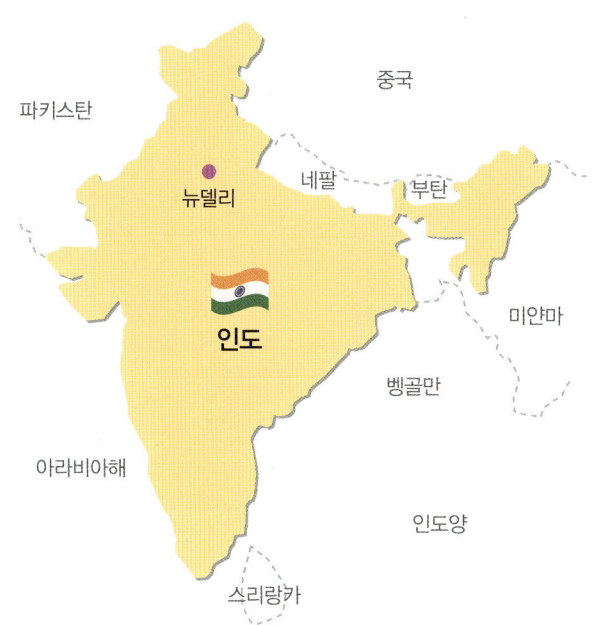

인도를 알아봐요.

- **위치** 남부 아시아
- **수도** 뉴델리
- **환율** 1루피 = 18원 정도
- **언어** 힌디어, 영어
- **인구** 1,236,344,631명(2014), 2위
- **면적** 3,287,263 km², 7위

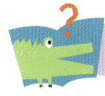

커리는 어떤 음식인가요?

'커리'는 여러 가지 의미가 있는 단어인데, 가장 대표적인 것이 인도에서 유래한 매콤한 음식을 뜻해요. 카레의 재료가 되는 커리 가루는 특정한 한 가지가 아니라, 여러 가지 재료를 다양한 비율에 따라 섞은 복합 향신료를 의미한답니다. 현재에도 인도에서는 인도식 빵인 '난, 로띠, 차파띠'나 밥과 함께 카레를 즐겨 먹고 있어요.

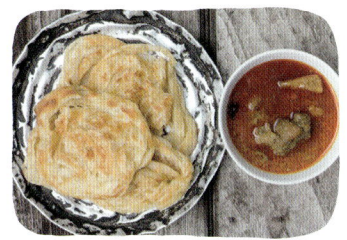

로티와 커리

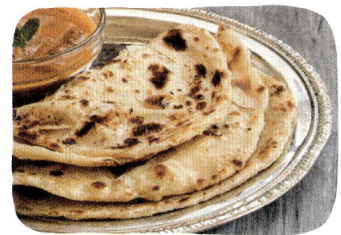

차파티와 커리

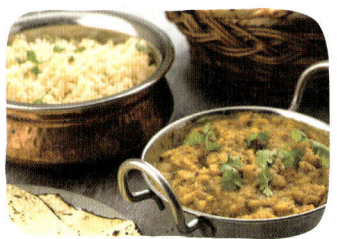

밥과 커리

카레의 효능을 알아봐요.

카레의 노란빛을 띄게 하는 '커쿠민'이란 성분은 치매나 알츠하이머병과 같은 심각한 병으로부터 뇌를 보호하는 데 도움을 준다고 해요. 또 항산화 작용을 하고 식욕을 높여 주며, 암을 예방하고 면역력을 높여 주기도 하지요. 이 밖에도 비만을 예방해 주는 등 다양한 효능을 지니고 있답니다.

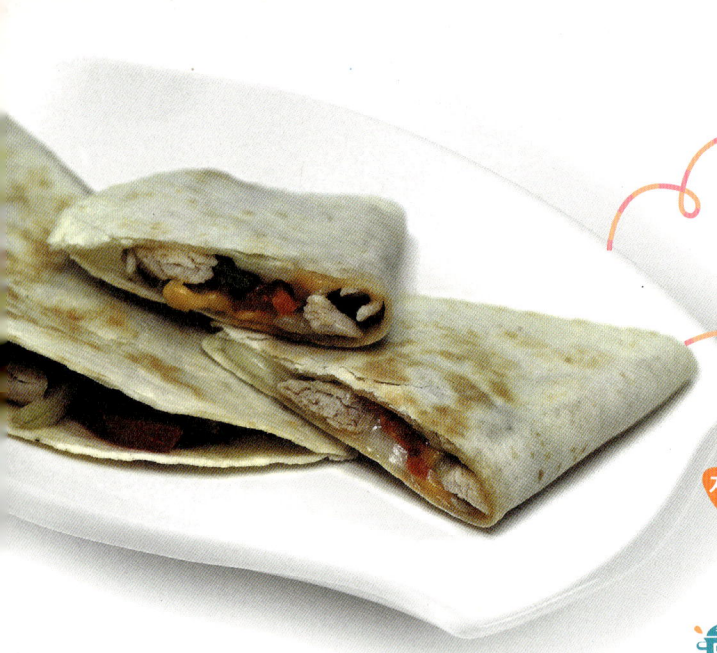

케사디야

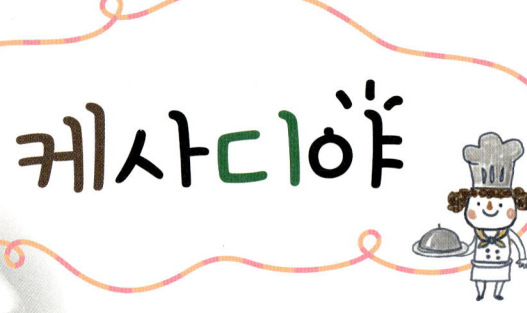

재료 닭고기 70g, 양파·피망·파프리카 1/3개, 양송이 1개, 치즈 1장, 피자 치즈 1/2컵, 토르티야 2장, 소금·후추 약간

도구 도마, 칼, 프라이팬, 뒤집개

 순서대로 따라해 보아요.

1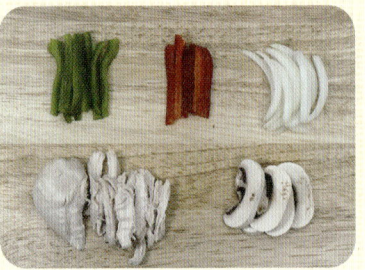

준비한 재료를 채썰어 주세요.

2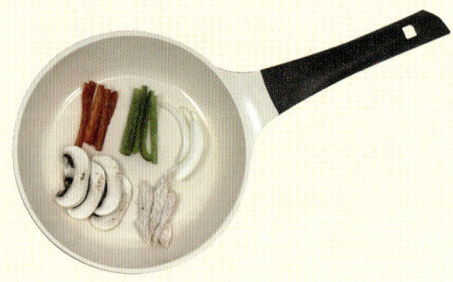

채썬 재료를 팬에 살짝 볶아 주세요.

3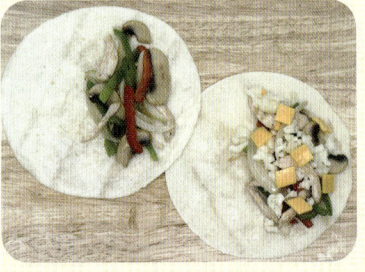

토르티야 위에 볶은 재료와 치즈를 올려 잘 접어 주세요.

4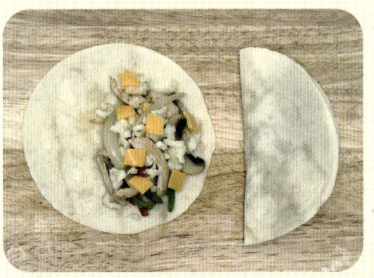

약한 불로 치즈가 녹을 때까지 눌러 가며 구워 주세요.

멕시코를 알아봐요.

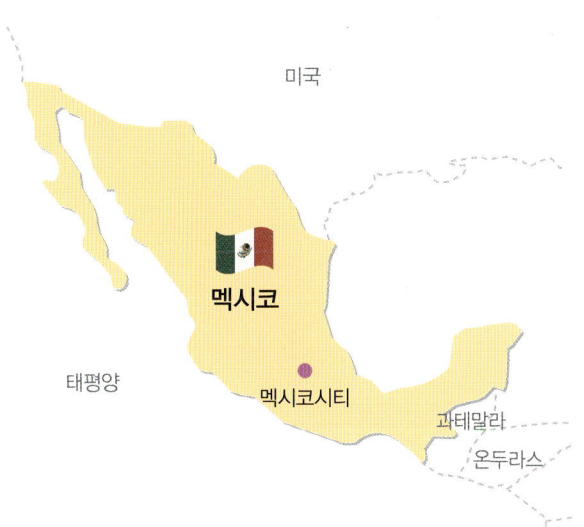

- **위치** 미국 서남부
- **수도** 멕시코시티
- **환율** 1멕시코페소(MXN) = 70원 정도
- **언어** 에스파냐어
- **인구** 120,286,655명(2014), 11위
- **면적** 1,964,375 km², 14위
- **기후** 건조 기후, 열대 기후, 온대 기후

멕시코의 음식은 어떤가요?

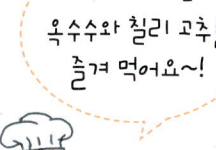

멕시코에서는 옥수수와 칠리 고추를 즐겨 먹어요~!

- **해발 2500M** 밀, 보리, 감자
- **냉대 지역** 옥수수, 콩
- **온대 지역** 커피
- **해발 800M** 사탕수수

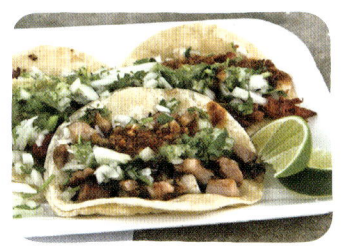
타코

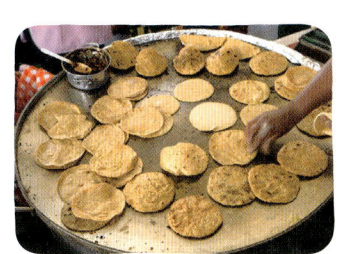
토르티야

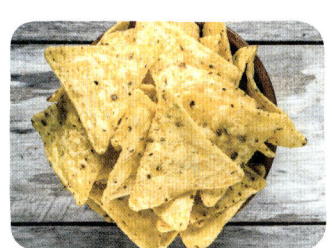
나초

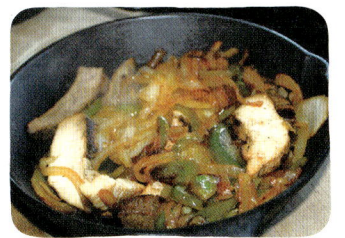
파히타

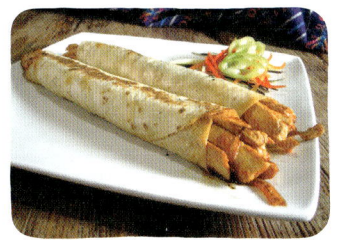
부리토

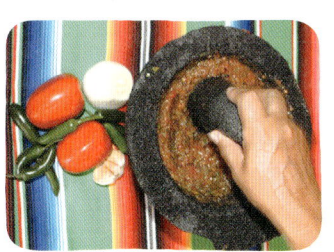
살사 소스

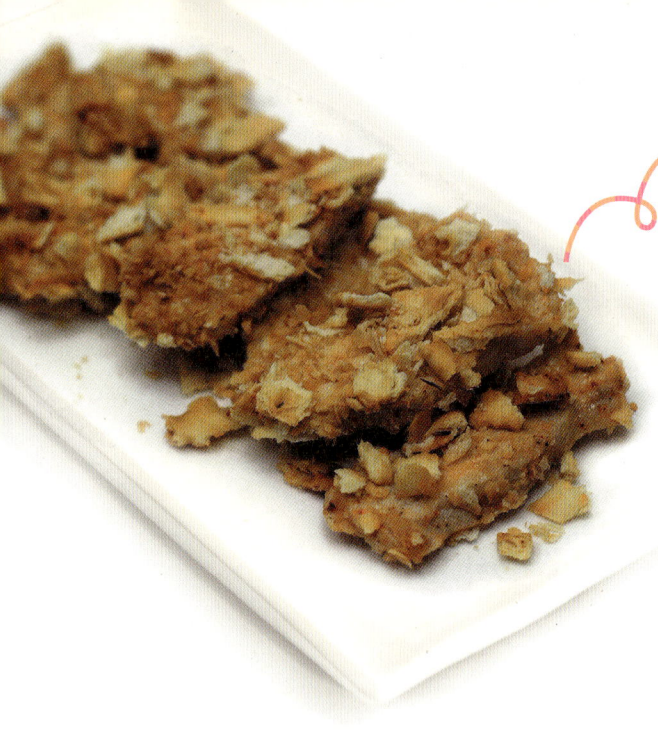

크래커 치킨 너겟

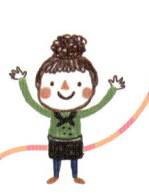

재료 닭가슴살 200g, 크래커 7장
[소스] 마요네즈 2큰술, 고춧가루 1/2큰술,
후추 약간

도구 오븐, 일회용 비닐, 도마, 칼

 **순서대로 따라해 보아요.**

1

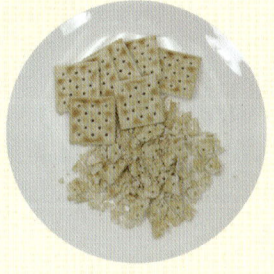

일회용 비닐에 크래커를 넣고, 작은 크기로
부수어 주세요.

2

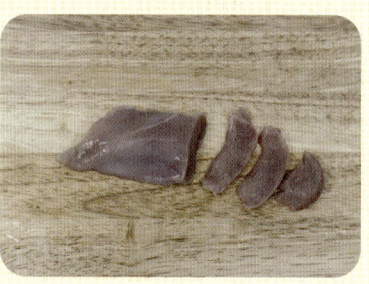

닭고기는 한 입 크기로 잘라 주세요.

3

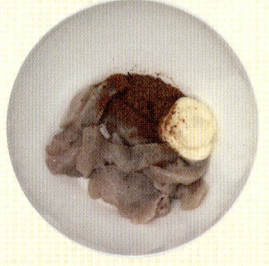

닭고기에 소스를 넣고 잘 버무려 주세요.

4

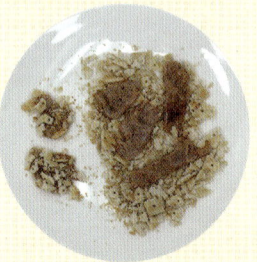

양념된 닭고기에 크래커를 잘 묻힌 뒤,
180°C 오븐에서 15분 동안 구워 주세요.

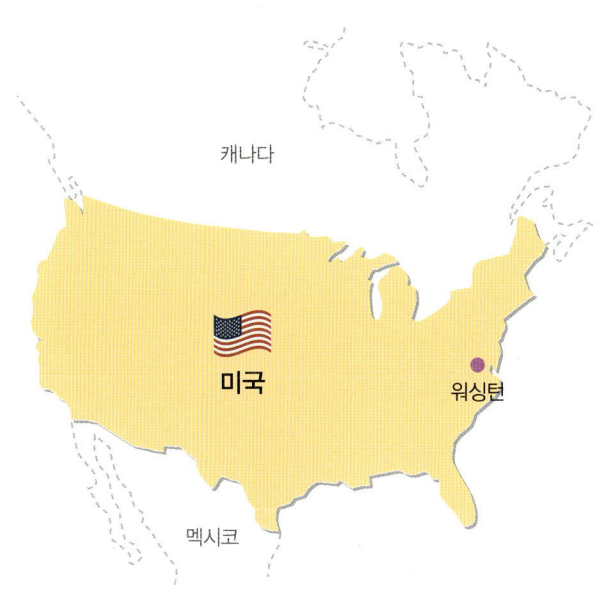

미국을 알아봐요.

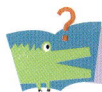

- ◎ **위치** 북아메리카 대륙의 중앙
- ◎ **수도** 워싱턴 D.C.
- ◎ **환율** 1달러 = 1,200원 정도
- ◎ **언어** 영어
- ◎ **인구** 318,892,103명(2014), 3위
- ◎ **면적** 9,826,675 km², 3위

캐나다

미국   워싱턴

멕시코

프라이드 치킨은 어디서 왔나요?

프라이드 치킨(Fried chicken)은 밀가루로 옷을 입혀 튀긴 닭고기 요리를 뜻해요. 우선 닭을 기름에 튀기는 조리법은 유럽에서부터 시작되었어요. 이후 이민자를 통해 미국으로 건너 왔고, 주로 노동 이민자가 많았던 남부에서 즐겨 먹기 시작하였답니다. 닭을 팜유에 튀겨 먹던 흑인 노예들이 이민자들의 요리사로 일하면서부터 유럽과 아프리카의 닭 튀김 요리가 합쳐진 것이에요. 오늘날은 미국의 대표 치킨 요리로 정착하였고, 우리나라에서는 배달 음식으로 발전하였답니다.

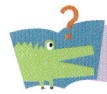

다른 나라의 닭요리는 어떤가요?

한국	인도	프랑스	중국	일본
삼계탕	탄두리 치킨	코코뱅	깐풍기	가라아게

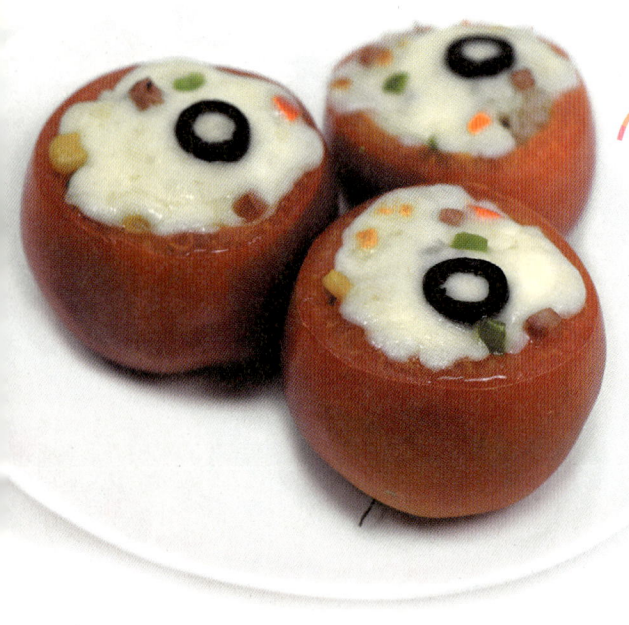

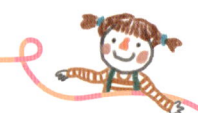

토마토 파에야

재료 토마토 3개, 파프리카·피망·양파 1/8개, 올리브 1개, 햄 1장, 밥 1공기, 옥수수 1큰술, 피자 치즈 1/2컵, 소금·후추 약간

도구 도마, 칼, 냄비, 체, 프라이팬, 뒤집개

 순서대로 따라해 보아요.

1
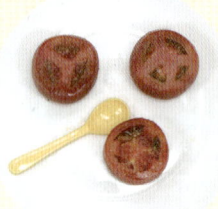
토마토의 위쪽을 잘라 내고, 토마토 모양을 살리면서 속을 파내어 주세요.

2
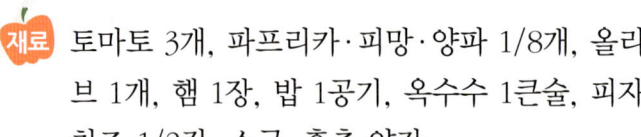
올리브와 채소들을 작게 잘라 주세요.

3
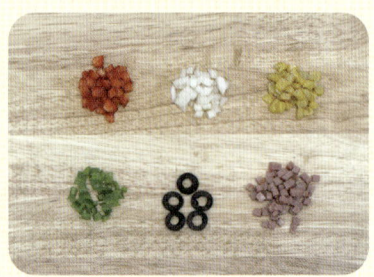
팬에 채소를 넣고 볶다가 소금·후추 간을 한 후, 밥을 넣고 한번 더 볶아 주세요.

4
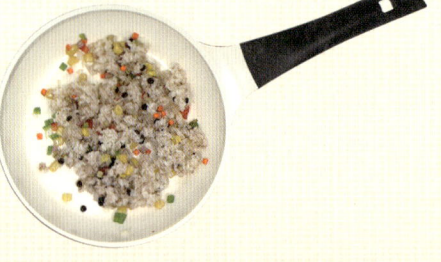
토마토 속에 볶은 밥을 넣은 뒤, 치즈와 올리브를 올리고 오븐에 구워 주세요.

스페인을 알아봐요.

◎ **위치** 유럽 서남부 이베리아 반도
◎ **수도** 마드리드
◎ **환율** 1유로 = 1,300원 정도
◎ **언어** 에스파냐어
◎ **인구** 47,737,941명(2014), 28위
◎ **면적** 505,370 km², 52위
◎ **기후** 지중해성 기후

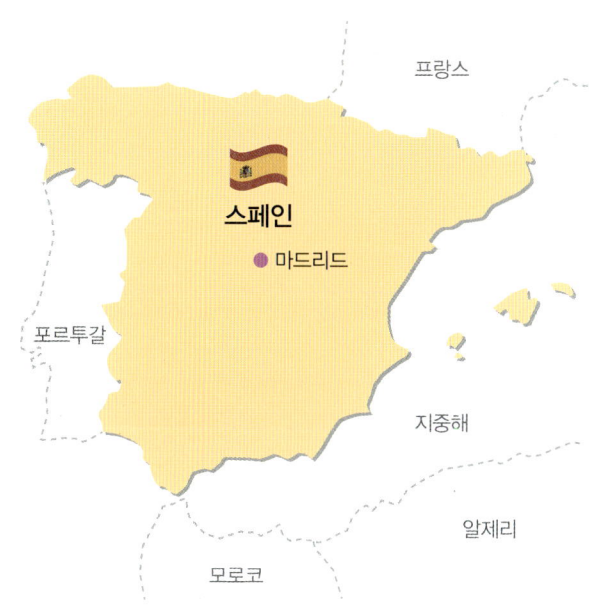

스페인의 음식은 어떤가요?

스페인은 올리브 생산국 세계 1위답게 음식에 올리브를 즐겨 사용해요. 또한 토마토도 많이 생산되는데, 스페인의 토마토 축제는 세계적으로 아주 유명하답니다.

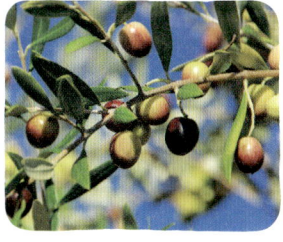

올리브

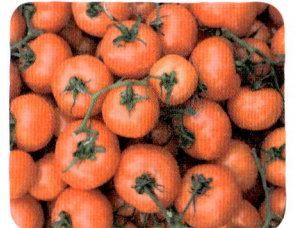

토마토

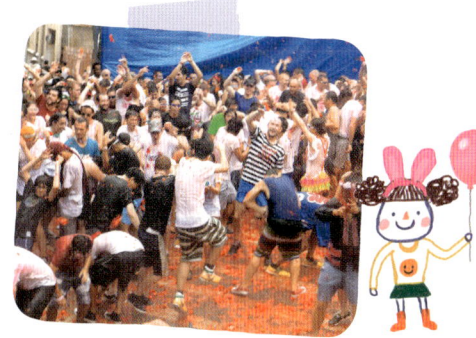

토마토 축제

스페인의 대표음식

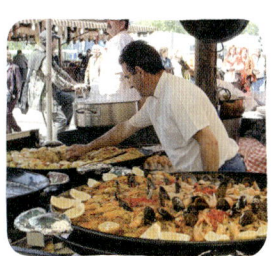

파에야

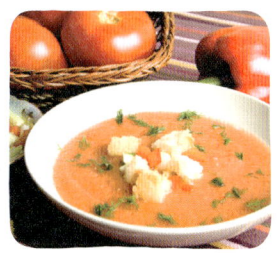

가스파초

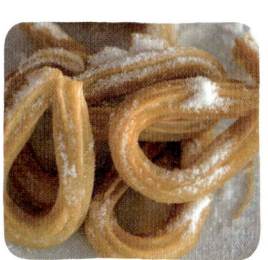

추로스

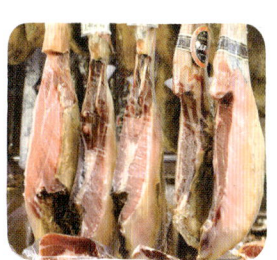

하몬

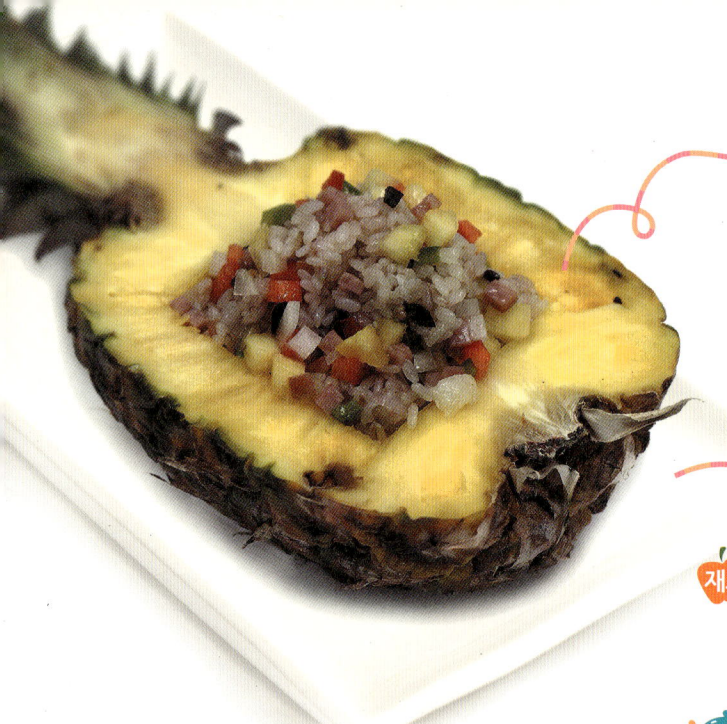

파인애플 볶음밥

재료 파인애플 반 통, 햄 1장, 양파 1/8개, 파프리카 1/6개, 피망 1/4개, 밥 1공기, 올리브 1알
[양념] 굴소스 1/2큰술, 후추·소금 약간

도구 도마, 칼, 프라이팬, 뒤집개, 숟가락

 순서대로 따라해 보아요.

1

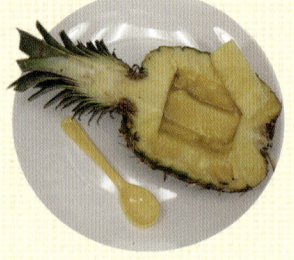

파인애플에 칼집을 낸 후 속을 파내어 주세요.

2

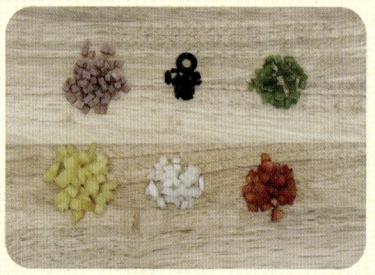

파낸 파인애플과 햄, 여러 채소들을 작게 잘라 주세요.

3

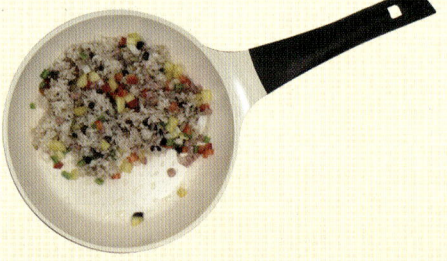

팬에 재료를 먼저 볶은 후, 밥과 양념을 넣고 한번 더 볶아 주세요.

4

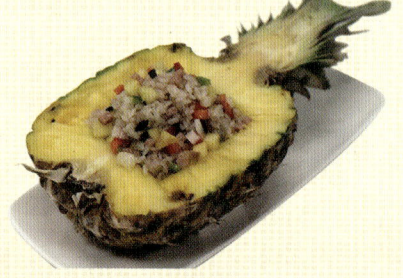

볶은 밥을 속을 파낸 파인애플 속에 채워 넣어 주세요.

태국을 알아봐요.

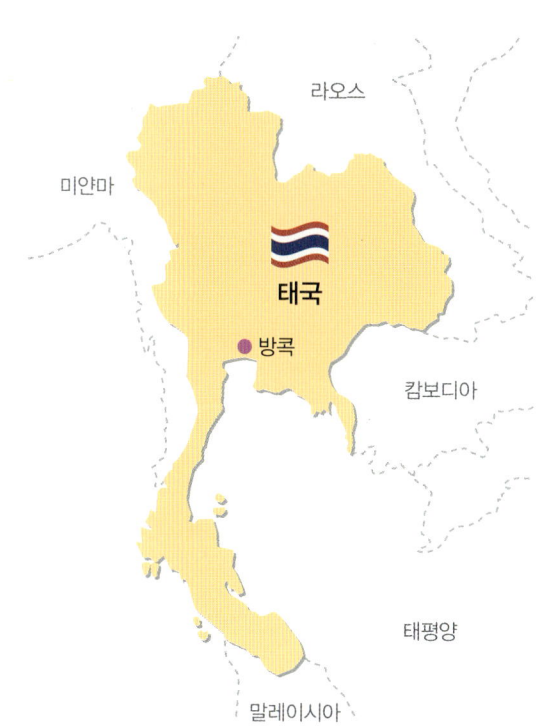

- **위치** 인도차이나 반도 중앙
- **수도** 방콕
- **환율** 1바트 = 30원 정도
- **언어** 타이어
- **인구** 67,741,401명(2014), 20위
- **면적** 513,120 km², 51위
- **기후** 계절풍(몬순) 기후

열대 과일에는 어떤 것이 있나요?

기온이 높고 비가 많은 열대 지방에서는 다른 지역에 비하여 다양한 종류의 식물이 자라요. 그래서 맛있는 과일도 많은데, 대부분 향기가 강한 것이 특징이에요. 이런 과일을 '열대 과일'이라고 하며 망고스틴, 바나나, 구아버, 파인애플, 용과, 파파야, 두리안, 야자, 망고 등이 유명하답니다.

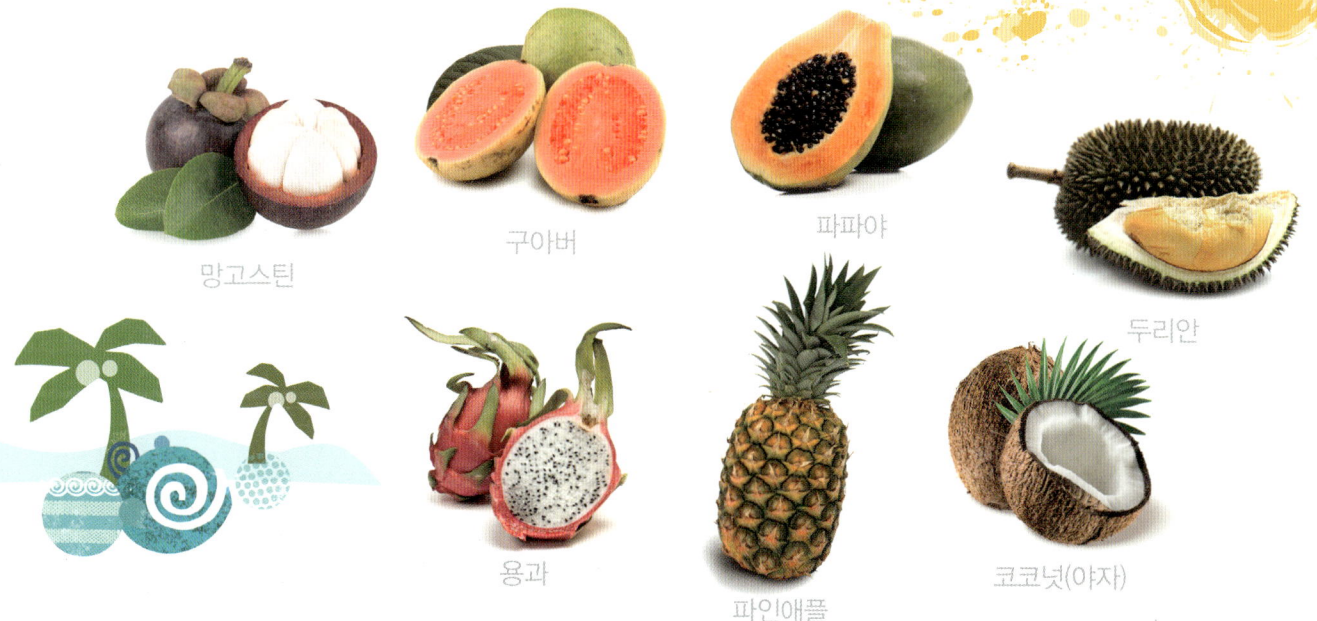

망고스틴

구아버

파파야

두리안

용과

파인애플

코코넛(야자)

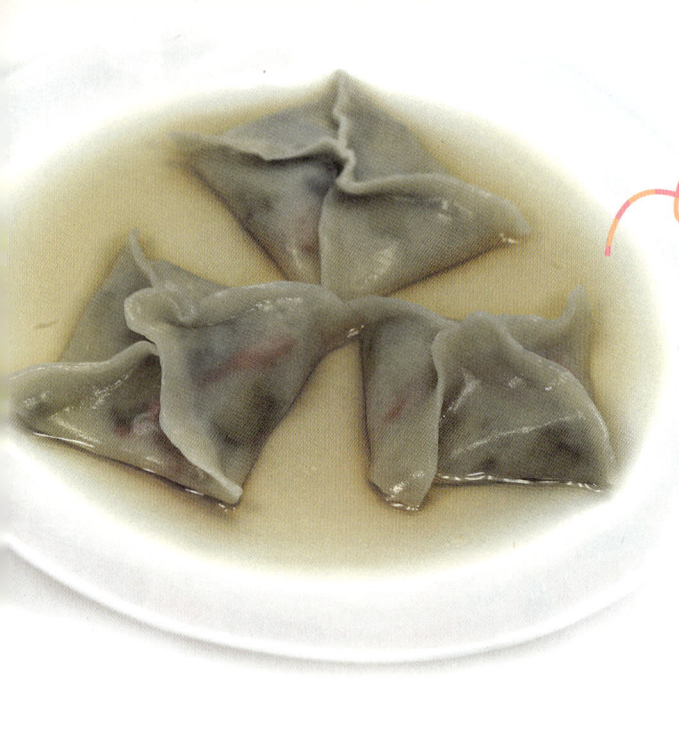

편수

🍎 **재료** 호박 1/10개, 양파 1/6개, 당근 1/2개, 다진 고기 100g, 만두피 12개, 파 조금
[양념] 간장 1/2큰술, 설탕·소금·참기름 약간

🍲 **도구** 도마, 칼, 냄비, 체, 프라이팬, 뒤집개

 순서대로 따라해 보아요.

1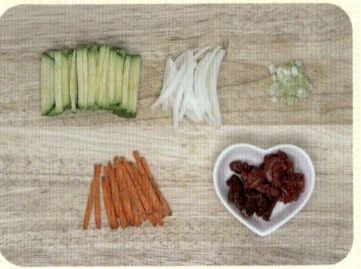

채소와 고기는 채썰어 주세요.

2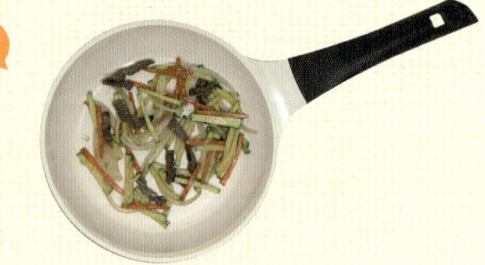

고기와 채소를 달궈진 팬에 볶아 주세요.

3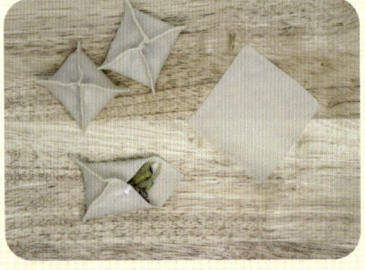

만두피에 속재료를 넣어서 네모 모양으로 빚어 주세요.

4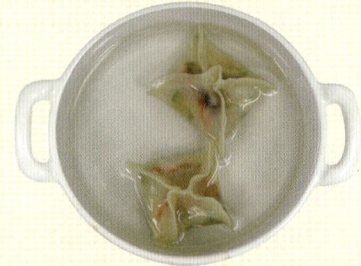

물이 끓기 시작하면, 만두를 삶아 주세요.

왜 편수일까요?

편수는 물 위에 얼음 조각이 떠 있는 모양이라고 하여 붙여진 이름이에요. 여름에 차게 해서 먹는 만두로, 네모 모양으로 고기 대신 버섯과 호박 등 채소를 넣어 만들었지요. 주로 개성 지방에서 많이 먹었다고 해요.

만두의 종류를 알아봐요.

이름	생김새	특징
규아상		궁중에서 즐겨 먹던 여름 만두로, 해삼 모양으로 만들어 찐 뒤 참기름을 발라 줘요.
어만두		만두피 대신 생선을 이용하였고, 주로 겨울에 떡국이나 장국에 넣어 함께 먹어요.
꿩만두		만두 속에 다진 꿩고기를 넣어 만든 것으로, 꿩은 닭을 가축으로 키우기 전에 더욱 널리 이용된 식재료랍니다.
김치만두		채소가 부족했던 긴 겨울 동안 김치를 이용한 음식을 많이 해 먹었어요.

다른 나라의 만두를 찾아봐요.

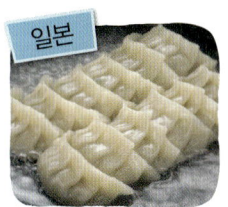
일본

교자

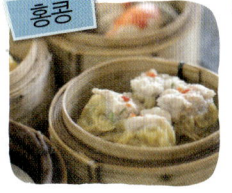
홍콩

딤섬

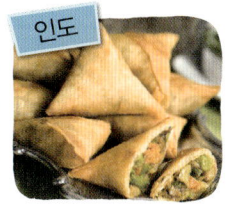
인도

사모사

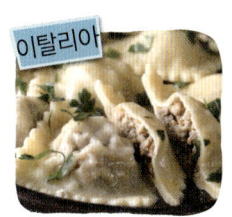
이탈리아

라비올리

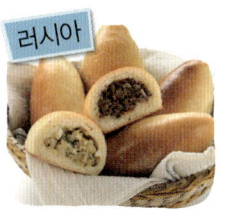
러시아

피로슈키

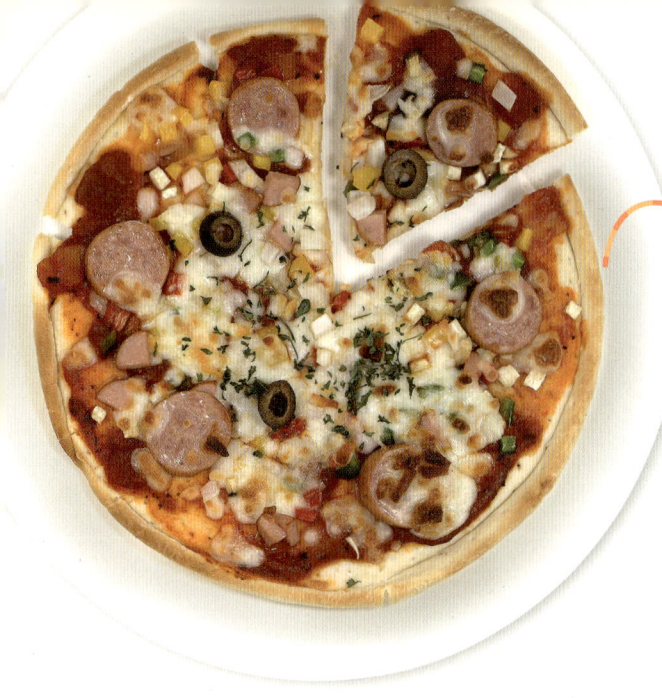

피자

🍎 **재료** 양송이버섯 1개, 양파·파프리카·피망 1/6개,
슬라이스 햄 1장, 피자 반죽 200g, 밀가루 한줌
[양념] 토마토 소스 3큰술

🍲 **도구** 도마, 칼, 밀대, 포크, 오븐

순서대로 따라해 보아요.

1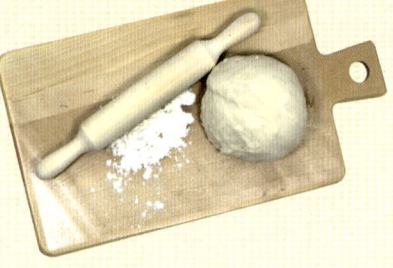

밀가루를 뿌린 위에 피자 반죽을 밀대로
둥글게 밀어 주세요.

2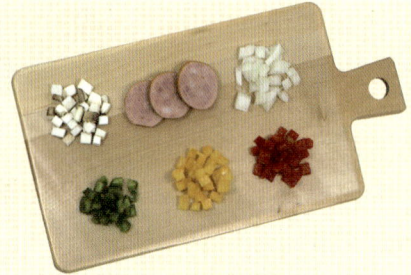

채소는 작게, 소시지는 동글납작하게 잘라
주세요.

3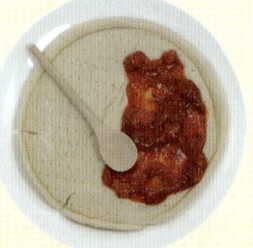

반죽에 포크로 구멍을 내고, 토마토
소스를 발라 주세요.

4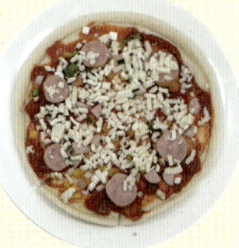

피자 반죽에 모든 재료를 올리고, 피자
치즈를 뿌려 오븐에 구워 주세요.

이탈리아 국기의 3색은 무슨 뜻일까요?

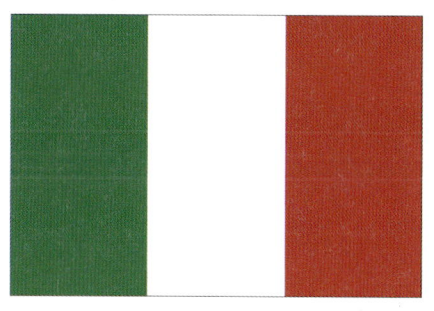

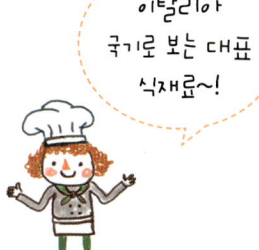

이탈리아 국기로 보는 대표 식재료~!

- **초록색** 아름다운 국토 = 바질
- **하얀색** 정의와 평화 = 치즈
- **붉은색** 나라 사랑 = 토마토

마르게리타 피자 이야기

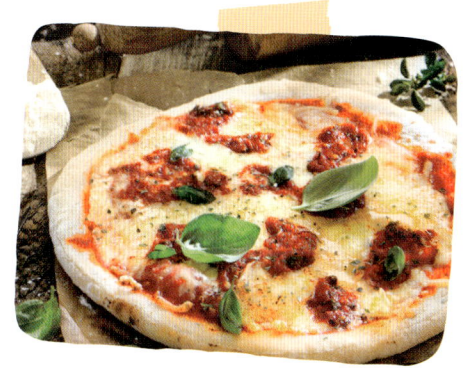

이탈리아의 사람들은 옛날부터 딱딱해진 빵에 잘 익은 토마토 조각을 얹어 올리브유를 뿌려 먹었어요. 이것이 특별할 것도 없는 당시 가난한 사람들의 빵인 '피자'의 원래 모습이죠.
그런데 1889년 사보이의 여왕 마르게리타가 움베르토 1세와 함께 이탈리아의 도시 나폴리를 방문하였고, 당시 최고의 요리사였던 돈 라파엘 에스폰트는 이들을 위한 요리를 만들게 되었어요. 그는 바질, 모차렐라 치즈, 토마토를 이용하여 이탈리아의 국기를 상징하는 피자를 만들었는데, 마르게리타 여왕이 매우 좋아하였지요. 이후 사람들은 여왕의 이름을 따서 이것을 '마르게리타 피자'라고 불렀답니다.

이탈리아의 대표 음식을 알아봐요.

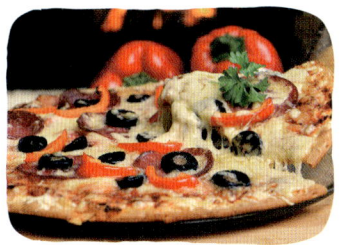

피자(pizza)

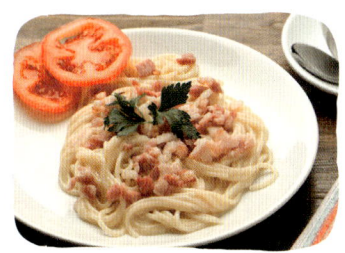

스파게티(spaghetti)

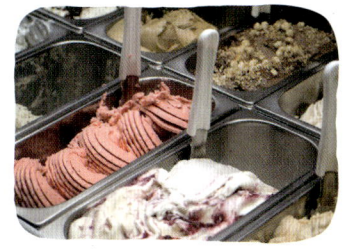

젤라또(gelato)

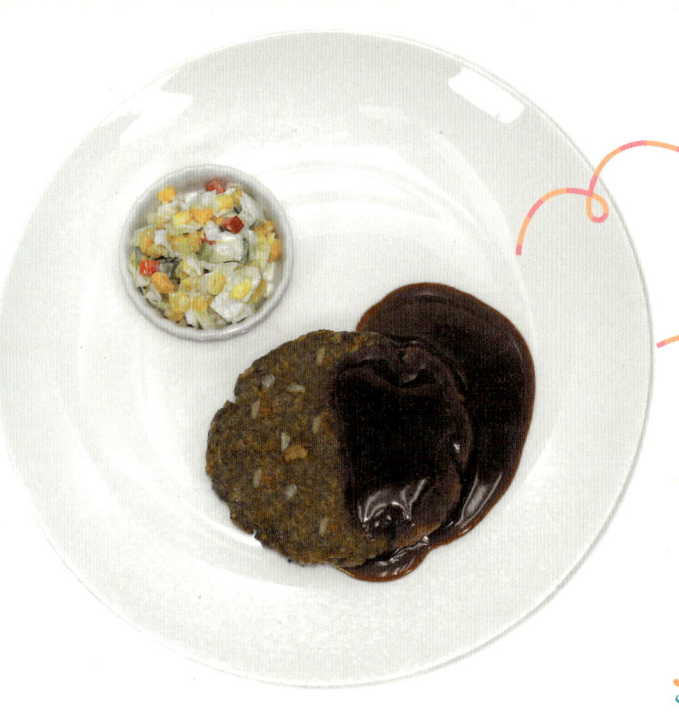

햄버그스테이크

재료 소고기·돼지고기 100g, 양파 1/8개, 달걀 1개, 빵가루 1/3컵, 샐러리 50g, 버터 1작은술
[콘슬로우] 양파·양배추·옥수수 1큰술, 설탕·식초·마요네즈 1/2큰술, 후추 조금

도구 도마, 칼, 볼, 프라이팬, 뒤집개

 순서대로 따라해 보아요.

1
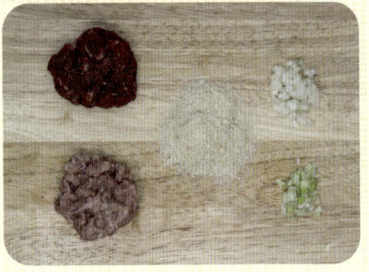
고기는 갈아서 준비하고, 채소는 작게 썰어 주세요.

2
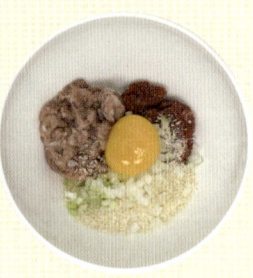
준비된 재료에 달걀을 넣고 모두 섞어 주세요.

3
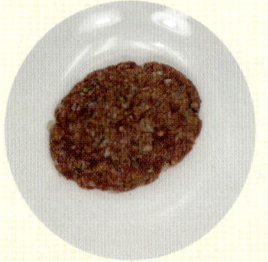
고기 반죽을 치대어 럭비공 모양으로 만들어 주세요.

4
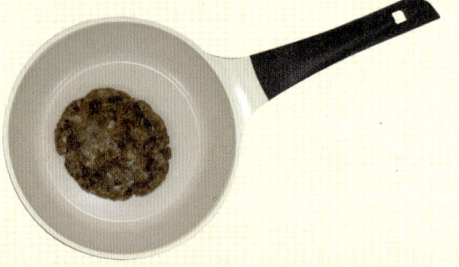
달궈진 프라이팬에 버터를 두르고, 고기를 노릇하게 구워 주세요.

서양의 기본 식탁 차림을 알아봐요.

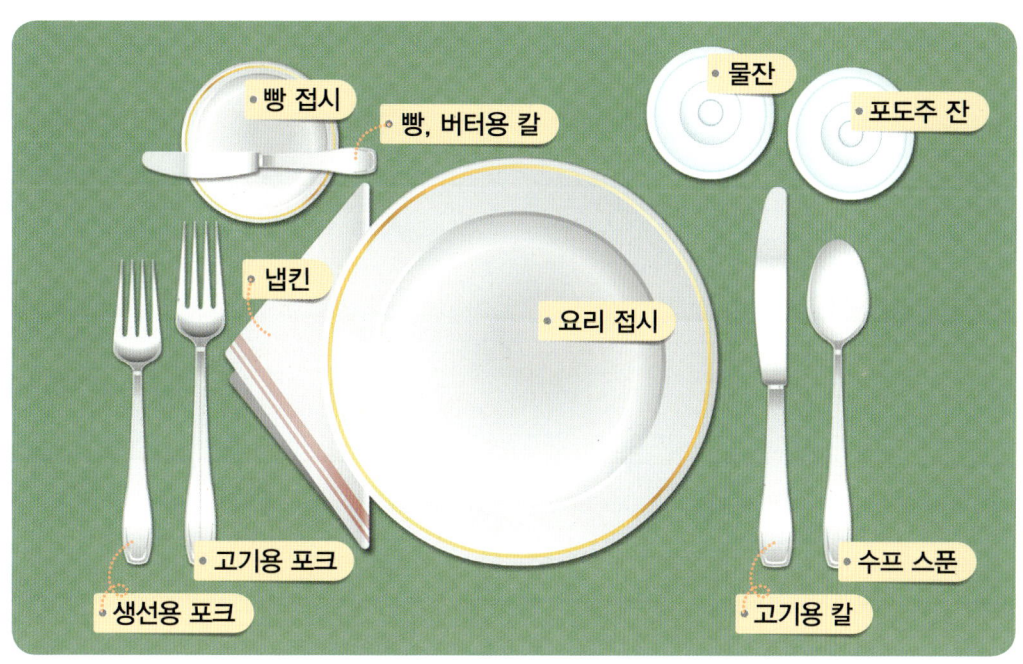

서양의 식사 예절은 어떤가요?

복잡해 보여도 '사람 위주'로 만들어진 식사 예절이니 잘 따라해 봐요.

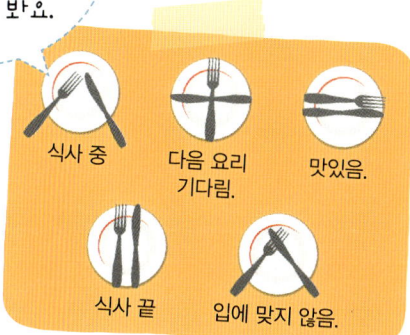

1. 바깥쪽 포크와 숟가락부터 사용합니다.
2. 식사 중에는 포크와 나이프를 접시 양쪽에 걸쳐 놓고, 식사를 마치면 오른쪽으로 나란히 둡니다.
3. 빵은 손으로 조금씩 떼어 내어 먹습니다.
4. 수프를 먹을 때는 스푼이 바깥쪽을 향하게 사용합니다.
5. 냅킨은 무릎 위에 펴 놓고, 식사 중 입을 닦거나 손을 닦는 데 사용합니다.
6. 자신을 기준으로, 왼쪽의 빵과 오른쪽의 물을 먹습니다.
7. 포크로 음식을 누르고, 나이프로 작게 자른 후 포크로 찍어 먹습니다.
8. 전채 요리, 수프, 생선 요리, 육류 요리, 후식, 음료 순으로 음식을 차립니다.

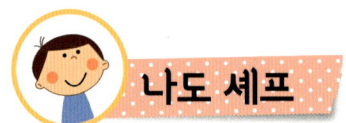

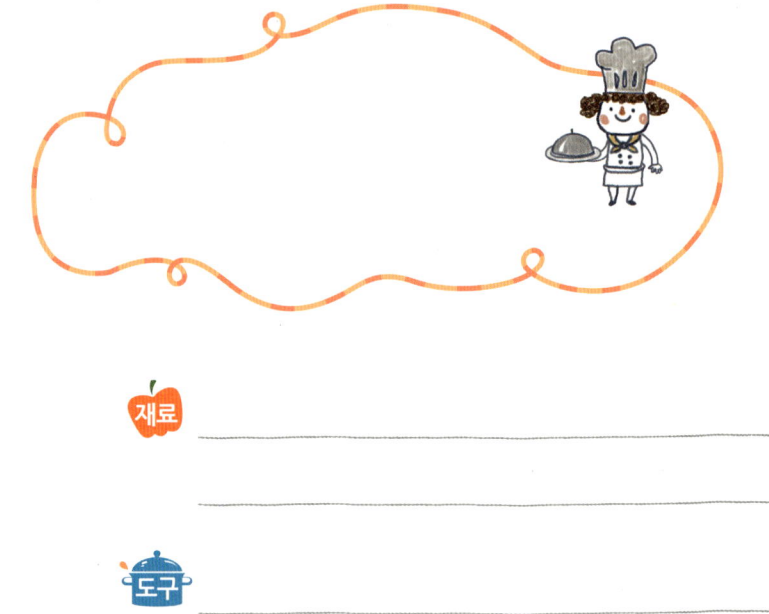

재료 _____
_____

도구 _____
_____

순서대로 따라해 보아요.

❶
_____
_____

❷
_____
_____

❸
_____
_____

❹
_____
_____

생각 꾸러미

요리 난이도	
요리 시간	
맛 평가	
조리 방법	
재료의 영양소 구분	탄수화물이 많은 재료: 단백질이 많은 재료: 지방이 많은 재료: 비타민과 무기질이 많은 재료:
오늘 요리의 이야기	
요리 활동 후 느낀 점	

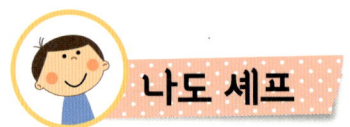

나도 셰프

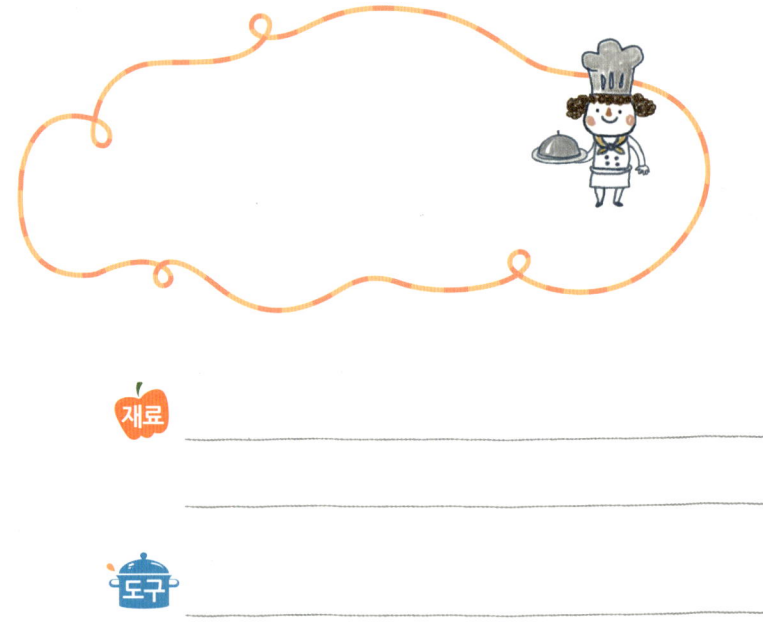

재료
_____
_____

도구
_____
_____
_____

순서대로 따라해 보아요.

1

_____
_____

2

_____

3

_____
_____

4

_____

요리 난이도	
요리 시간	
맛 평가	
조리 방법	
재료의 영양소 구분	탄수화물이 많은 재료: 단백질이 많은 재료: 지방이 많은 재료: 비타민과 무기질이 많은 재료:
오늘 요리의 이야기	
요리 활동 후 느낀 점	

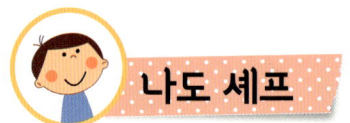

나도 셰프

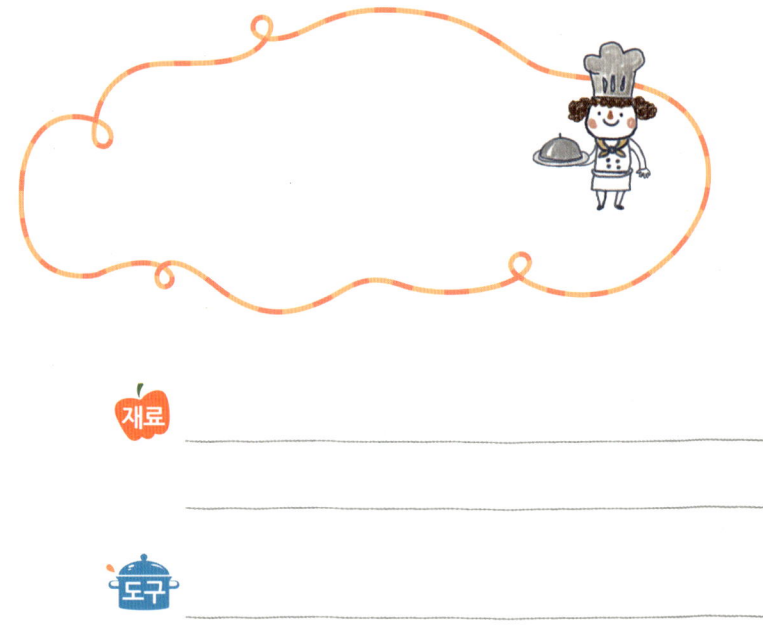

🍎 재료 _____

_____

_____

🍲 도구 _____

_____

_____

순서대로 따라해 보아요.

1

_____

_____

2

_____

_____

3

_____

_____

4

_____

_____

요리 난이도	
요리 시간	
맛 평가	
조리 방법	
재료의 영양소 구분	탄수화물이 많은 재료: 단백질이 많은 재료: 지방이 많은 재료: 비타민과 무기질이 많은 재료:
오늘 요리의 이야기	
요리 활동 후 느낀 점	

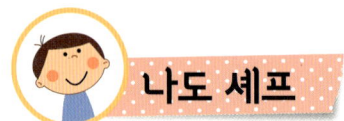

나도 셰프

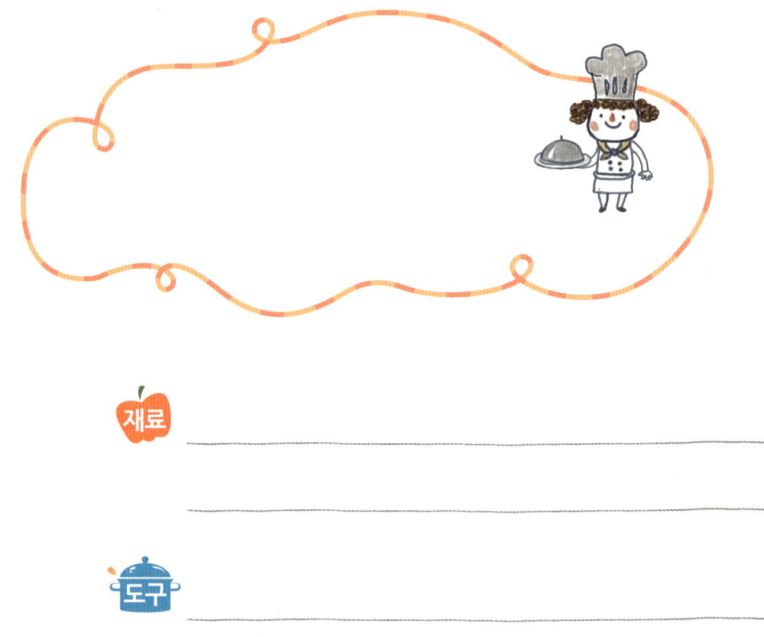

🍎 재료
_____
_____

🍲 도구
_____
_____

 순서대로 따라해 보아요.

1

_____
_____

2

_____
_____

3

_____
_____

4

_____
_____

요리 난이도	
요리 시간	
맛 평가	
조리 방법	
재료의 영양소 구분	탄수화물이 많은 재료: 단백질이 많은 재료: 지방이 많은 재료: 비타민과 무기질이 많은 재료:
오늘 요리의 이야기	
요리 활동 후 느낀 점	

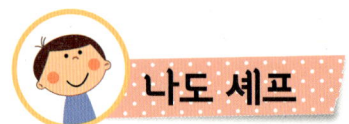

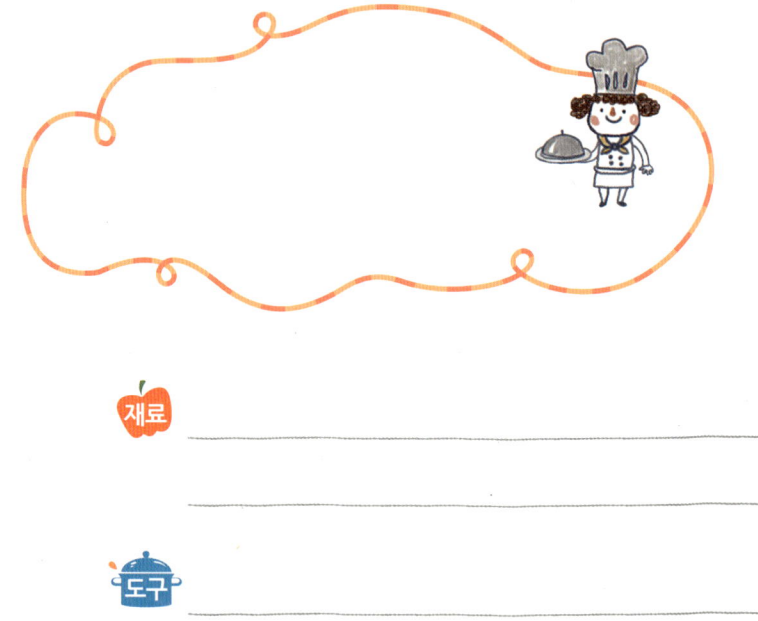

재료 _____

_____

도구 _____

_____

순서대로 따라해 보아요.

① _____

② _____

③ _____

④ _____

요리 난이도	
요리 시간	
맛 평가	
조리 방법	
재료의 영양소 구분	탄수화물이 많은 재료: 단백질이 많은 재료: 지방이 많은 재료: 비타민과 무기질이 많은 재료:
오늘 요리의 이야기	
요리 활동 후 느낀 점	

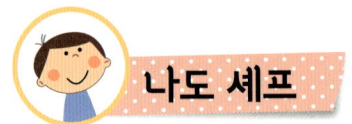
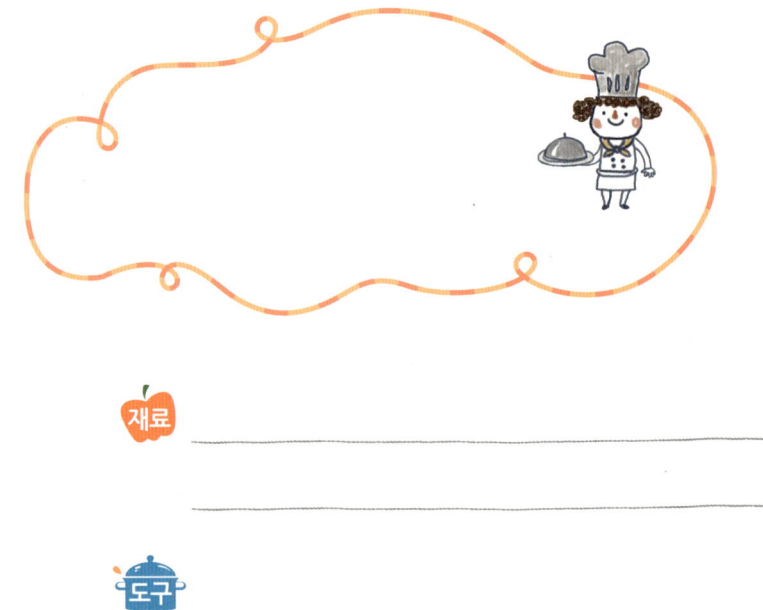

재료
_____
_____

도구
_____
_____

순서대로 따라해 보아요.

1
_____
_____

2
_____
_____

3
_____
_____

4
_____
_____

요리 난이도	
요리 시간	
맛 평가	
조리 방법	
재료의 영양소 구분	탄수화물이 많은 재료: 단백질이 많은 재료: 지방이 많은 재료: 비타민과 무기질이 많은 재료:
오늘 요리의 이야기	
요리 활동 후 느낀 점	

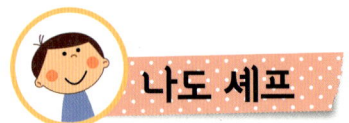

나도 셰프

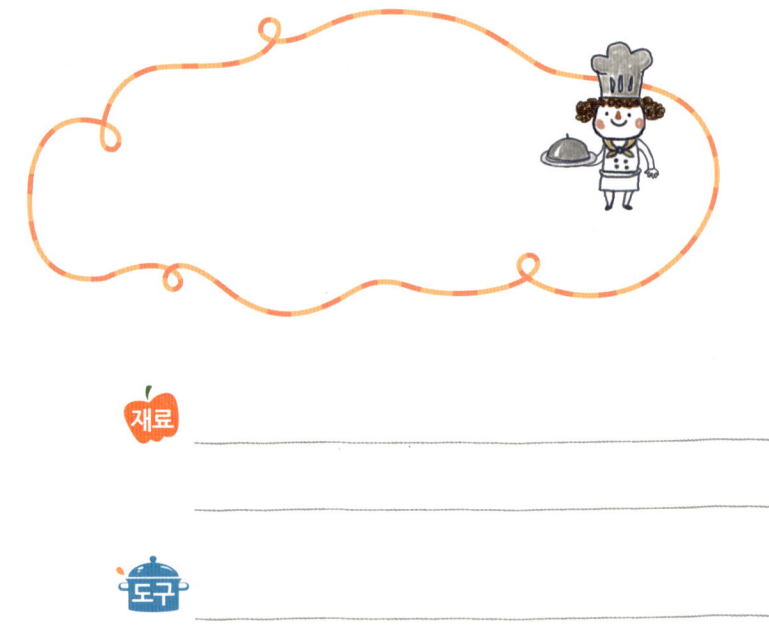

🍎 재료
_____
_____

🍲 도구
_____
_____

순서대로 따라해 보아요.

❶

_____
_____

❷

_____
_____

❸

_____
_____

❹

_____
_____

생각 꾸러미

요리 난이도	
요리 시간	
맛 평가	
조리 방법	
재료의 영양소 구분	탄수화물이 많은 재료: 단백질이 많은 재료: 지방이 많은 재료: 비타민과 무기질이 많은 재료:
오늘 요리의 이야기	
요리 활동 후 느낀 점	

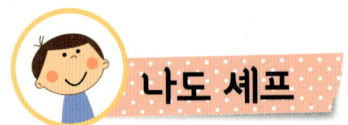

나도 셰프

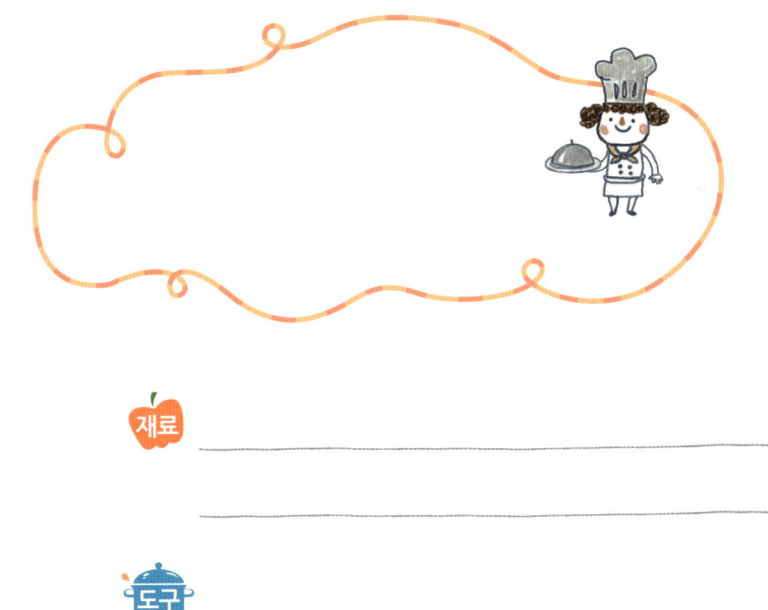

🍎 재료 _____
_____
_____

🍲 도구 _____
_____
_____

순서대로 따라해 보아요.

❶

_____
_____

❷

_____
_____

❸

_____
_____

❹

_____
_____

요리 난이도	
요리 시간	
맛 평가	
조리 방법	
재료의 영양소 구분	탄수화물이 많은 재료: 단백질이 많은 재료: 지방이 많은 재료: 비타민과 무기질이 많은 재료:
오늘 요리의 이야기	
요리 활동 후 느낀 점	

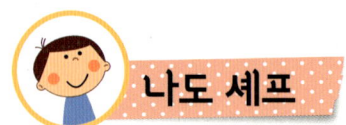

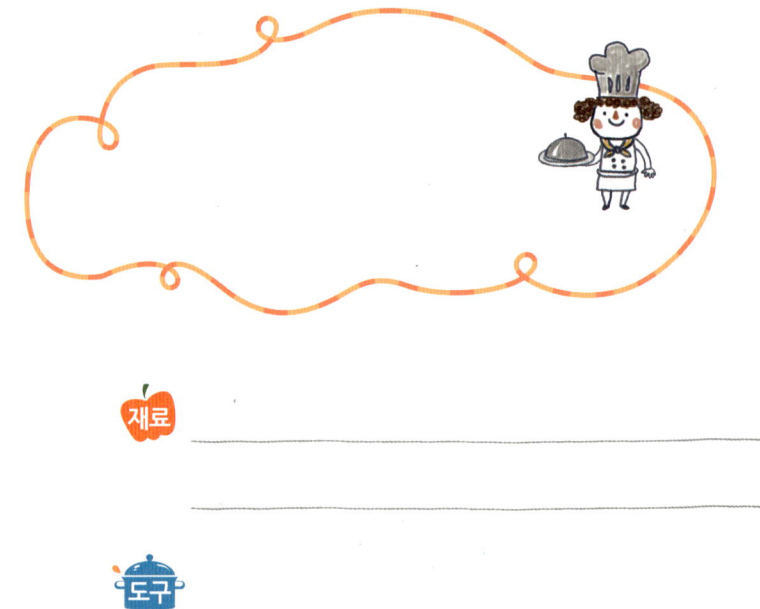

재료 _____
_____
_____

도구 _____
_____
_____

순서대로 따라해 보아요.

1

_____
_____

2

_____

3

_____

4

_____

요리 난이도	
요리 시간	
맛 평가	
조리 방법	
재료의 영양소 구분	탄수화물이 많은 재료: 단백질이 많은 재료: 지방이 많은 재료: 비타민과 무기질이 많은 재료:
오늘 요리의 이야기	
요리 활동 후 느낀 점	

요리 관련 직업을 소개해요!

 요리사

음식 조리를 전문적으로 하는 사람으로, 가장 기본적으로는 고객이 주문한 음식을 맛있게 만들어 내는 일을 해요. 재료의 선별에서 손질, 요리 도구의 관리 등 맛있고 건강한 메뉴를 개발하기 위해 주방의 모든 일을 책임지는 사람이죠. 오랜 경험과 실력이 쌓이면 "셰프"라고 부르는 주방장이 될 수도 있답니다.

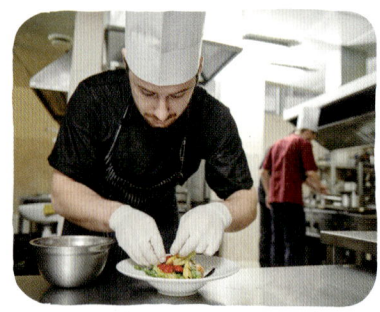

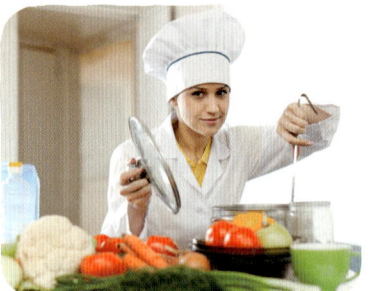

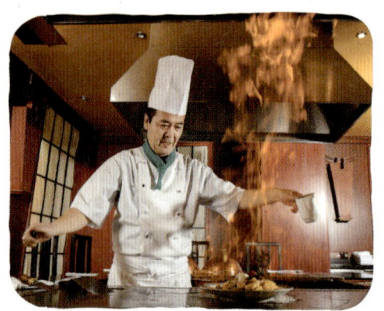

 제과 · 제빵사

빵이나 쿠키를 전문적으로 만드는 사람을 뜻해요. 유럽에서는 가장 일찍 일어나야 하는 직업이 "파티시에"라고 해요. 요리의 주재료가 되는 밀가루부터 효모까지 질 좋은 재료를 고르고 가꾸어 맛있게 만드는 기술과 노력을 게을리 할 수 없기 때문이지요.

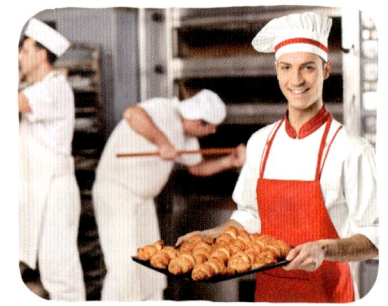

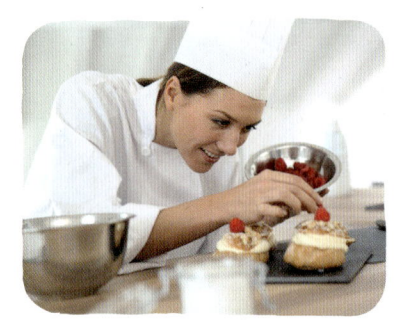

소믈리에

재료의 맛이나 신선도 등을 차별적으로 선별할 수 있는 능력을 갖춘 사람이에요. 주로 물, 술, 차 등의 분야에서 많이 활동하고 있는데, 손님에게 알맞은 제품을 추천하는 일을 하지요. 자신이 종사하는 분야에 따라 와인 소믈리에, 워터 소믈리에, 초콜릿 소믈리에 등으로 부르고 있어요.

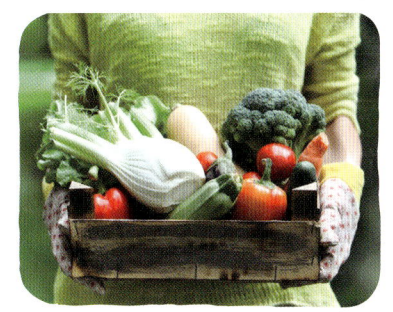

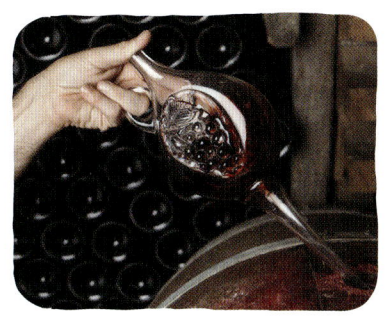 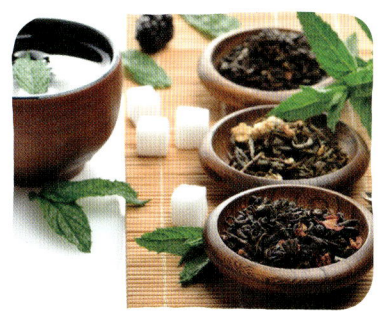

바리스타

전문적으로 커피를 만드는 사람으로 커피의 모든 것을 관리하는 직업이에요. 커피콩에서부터 원두를 볶아 블랜딩하고 내려서 먹을 수 있기까지의 전 과정을 고객의 기호에 맞게 연구해야 한답니다.

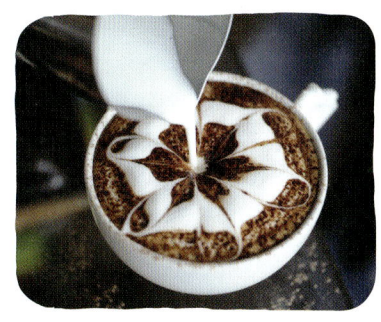

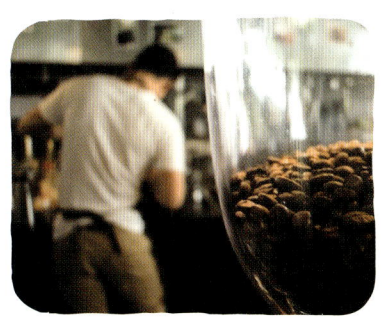 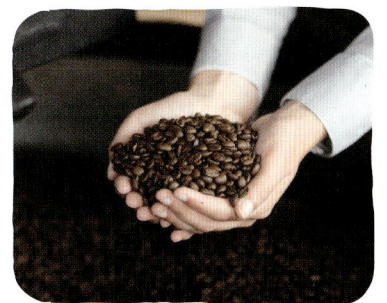 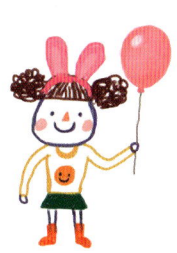

요리 관련 직업을 소개해요!

 외식 사업가

메뉴를 만들어 사람들에게 알리고, 이것을 통하여 경제적인 가치를 만들어 내는 일을 하는 사람이에요. 요리에 관한 프랜차이즈 사업을 통해 음식점을 늘리거나, 요리사를 배출하기도 하지요. 외식 사업을 경영하는 사람으로, 음식점의 위치 선정 및 매장 관리, 실질적인 운영과 판매까지 총괄적으로 경영해야 한답니다.

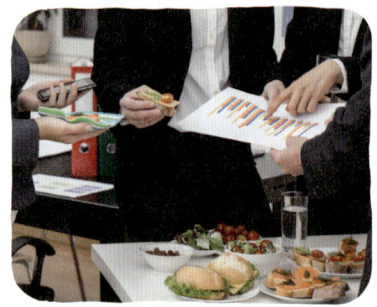

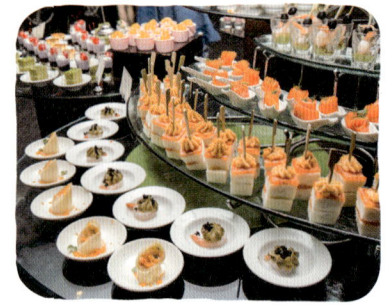

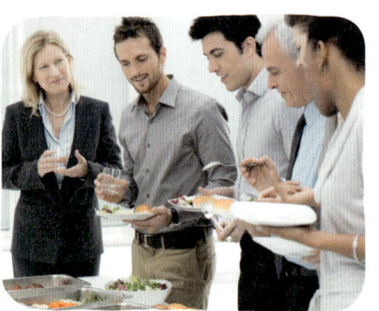

 요리 연구가

요리를 보다 전문적이고 학문적으로 연구하는 사람이에요. 보기 좋고 맛있는 요리에서 어떤 과정을 통해 요리가 맛있어지는지 연구하고, 원리를 찾아내는 것이지요.

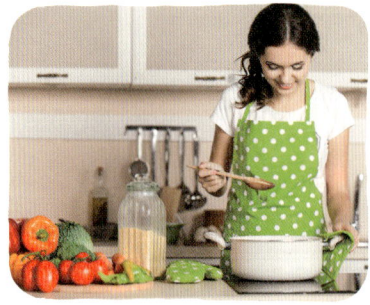

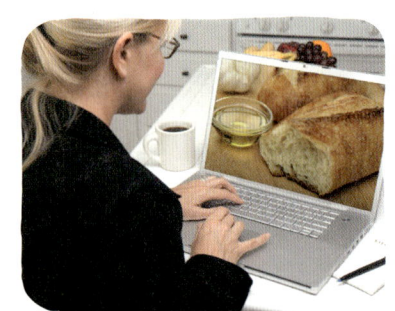

🌟 푸드 스타일리스트

사진 촬영용 요리를 만들고 식사하는 공간을 꾸며, 고객의 식욕을 돋우는 최적의 환경을 만들기 위해 "기획"을 하는 사람이에요. 숟가락, 그릇, 식탁의 인테리어 등 가장 편안하고 맛있게 식사할 수 있도록 소품을 고르고, 음식을 배치하고, 조명을 맞추는 등 요리가 놓일 공간 전체를 생각하는 직업이랍니다.

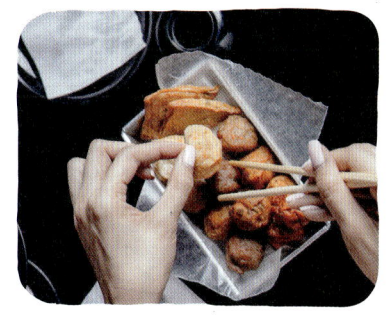

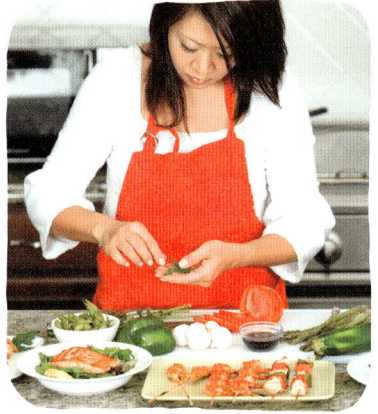

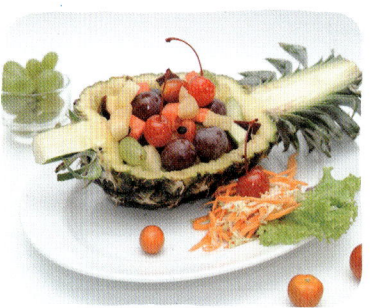

🌟 푸드 칼럼리스트

맛있는 요리를 사람들에게 알려주는 일을 전문적으로 하는 사람이에요. 뛰어난 미각과 글 솜씨로 요리에 대한 평가를 하고, 그것을 널리 알리는 것이에요. 신문이나 잡지, 인터넷을 통해 요리에 관한 자신의 글을 쓰고, 그것을 많은 사람들과 공유한답니다.

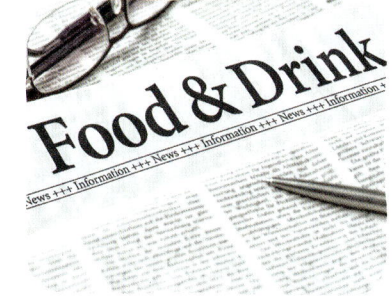

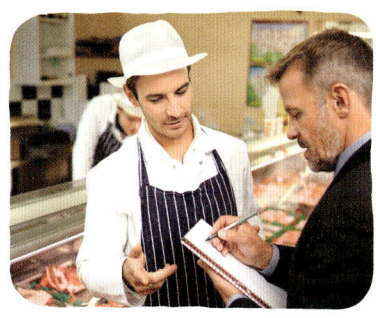

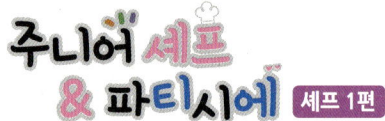

2016년 4월 1일 초판 1쇄 인쇄
2016년 4월 15일 초판 1쇄 발행

지은이 송보가, 윤선혜, 고경미, 이은진, 황윤희
펴낸이 이미래

펴낸곳 씨마스
등록번호 제2-3886호
주소 서울특별시 중구 서애로 23 통일빌딩
전화 (02)2274-7762~3
팩스 (02)2278-6702
홈페이지 www.cmass21.co.kr
E-mail licence@cmass.co.kr

기획 정춘교
진행 황선미
편집 강원경, 양병수, 구나영
마케팅 장석, 주수현
디자인 표지_이기복, 내지_이선주

ISBN 979-11-5672-092-8

정가 10,000원

여러 가지 스티커를 활용하여 나만의 요리책을 만들어 보아요.

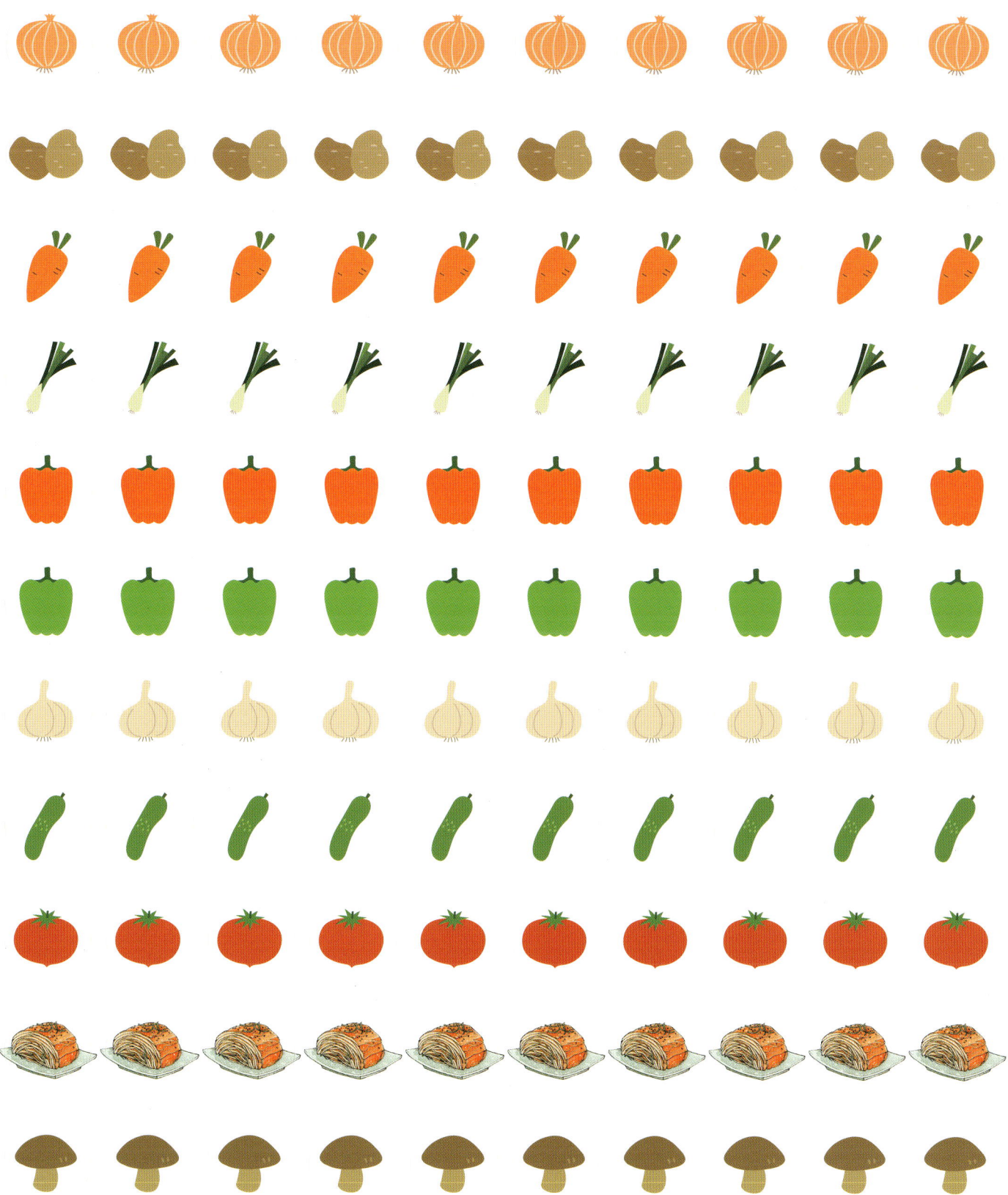

여러 가지 스티커를 활용하여 나만의 요리책을 만들어 보아요.

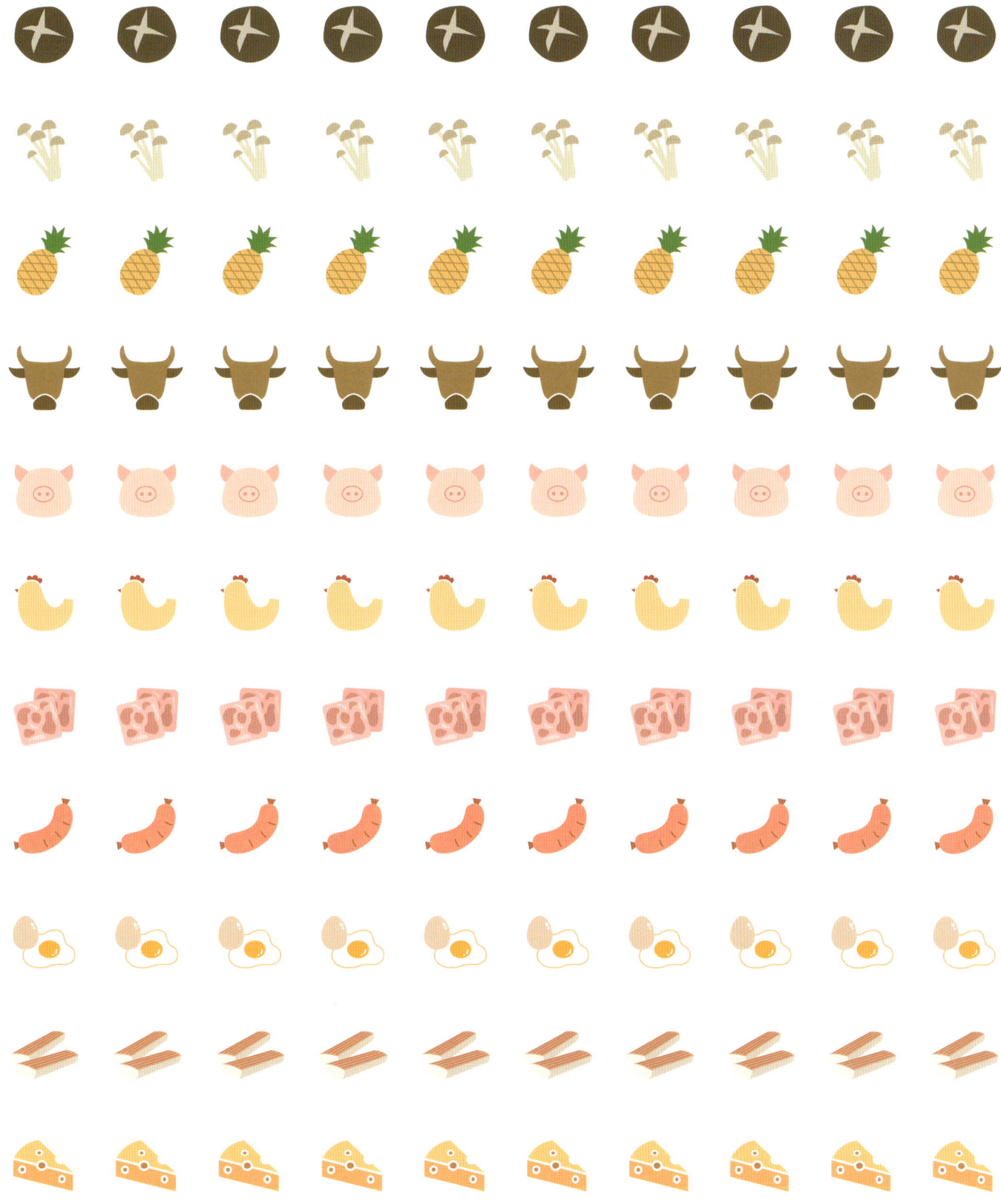

여러 가지 스티커를 활용하여 나만의 요리책을 만들어 보아요.

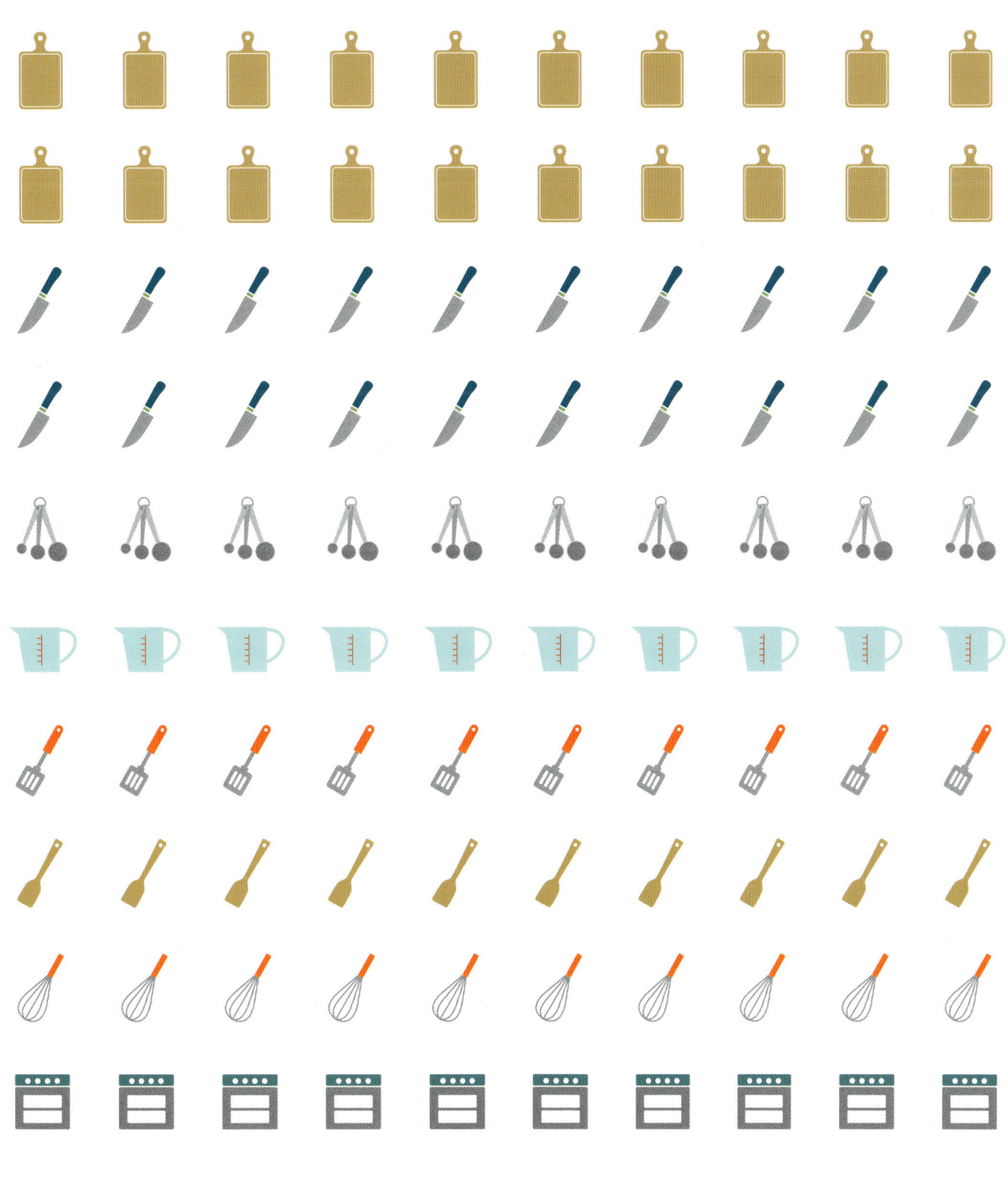

여러 가지 스티커를 활용하여 나만의 요리책을 만들어 보아요.

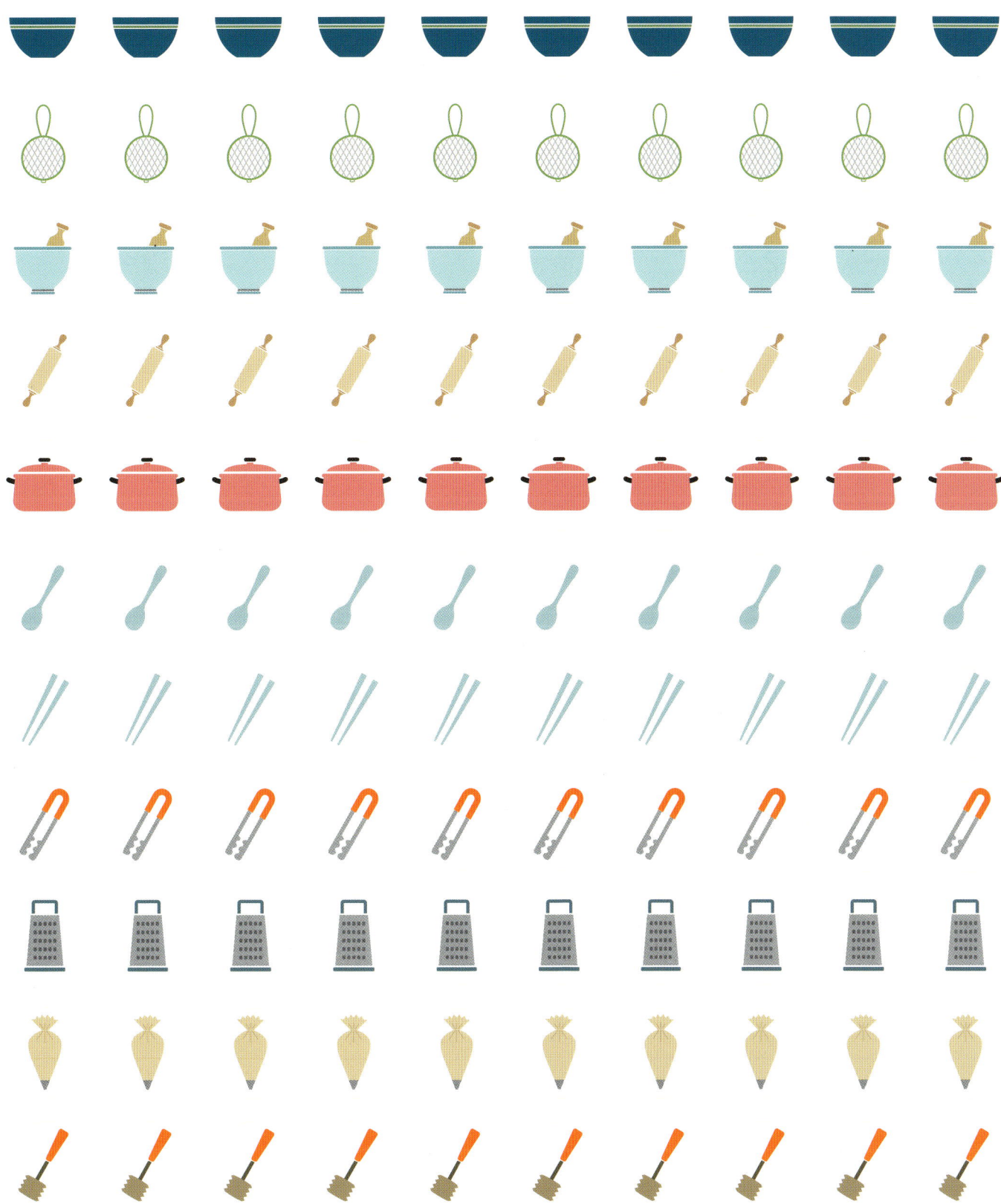

스티커 **완성된 요리에 스티커를 붙여 깔끔하게 포장해 주세요.**

요리 제목 :
요리 완성 :　　월　　일　　시
유통 기한 :　　월　　일　　시

요리 제목 :
요리 완성 :　　월　　일　　시
유통 기한 :　　월　　일　　시

요리 제목 :
요리 완성 :　　월　　일　　시
유통 기한 :　　월　　일　　시

요리 제목 :
요리 완성 :　　월　　일　　시
유통 기한 :　　월　　일　　시

요리 제목 :
요리 완성 :　　월　　일　　시
유통 기한 :　　월　　일　　시

요리 제목 :
요리 완성 :　　월　　일　　시
유통 기한 :　　월　　일　　시

요리 제목 :
요리 완성 :　　월　　일　　시
유통 기한 :　　월　　일　　시

요리 제목 :
요리 완성 :　　월　　일　　시
유통 기한 :　　월　　일　　시

요리 제목 :
요리 완성 :　　월　　일　　시
유통 기한 :　　월　　일　　시

요리 제목 :
요리 완성 :　　월　　일　　시
유통 기한 :　　월　　일　　시

요리 제목 :
요리 완성 :　　월　　일　　시
유통 기한 :　　월　　일　　시

요리 제목 :
요리 완성 :　　월　　일　　시
유통 기한 :　　월　　일　　시

요리 제목 :

요리 완성 :　　　월　　　일　　　시

유통 기한 :　　　월　　　일　　　시

요리 제목 :

요리 완성 :　　　월　　　일　　　시

유통 기한 :　　　월　　　일　　　시

요리 제목 :

요리 완성 :　　　월　　　일　　　시

유통 기한 :　　　월　　　일　　　시

요리 제목 :

요리 완성 :　　　월　　　일　　　시

유통 기한 :　　　월　　　일　　　시

요리 제목 :

요리 완성 :　　　월　　　일　　　시

유통 기한 :　　　월　　　일　　　시

요리 제목 :

요리 완성 :　　　월　　　일　　　시

유통 기한 :　　　월　　　일　　　시

요리 제목 :

요리 완성 :　　　월　　　일　　　시

유통 기한 :　　　월　　　일　　　시

요리 제목 :

요리 완성 :　　　월　　　일　　　시

유통 기한 :　　　월　　　일　　　시

요리 제목 :

요리 완성 :　　　월　　　일　　　시

유통 기한 :　　　월　　　일　　　시

요리 제목 :

요리 완성 :　　　월　　　일　　　시

유통 기한 :　　　월　　　일　　　시

요리 제목 :

요리 완성 :　　　월　　　일　　　시

유통 기한 :　　　월　　　일　　　시

요리 제목 :

요리 완성 :　　　월　　　일　　　시

유통 기한 :　　　월　　　일　　　시

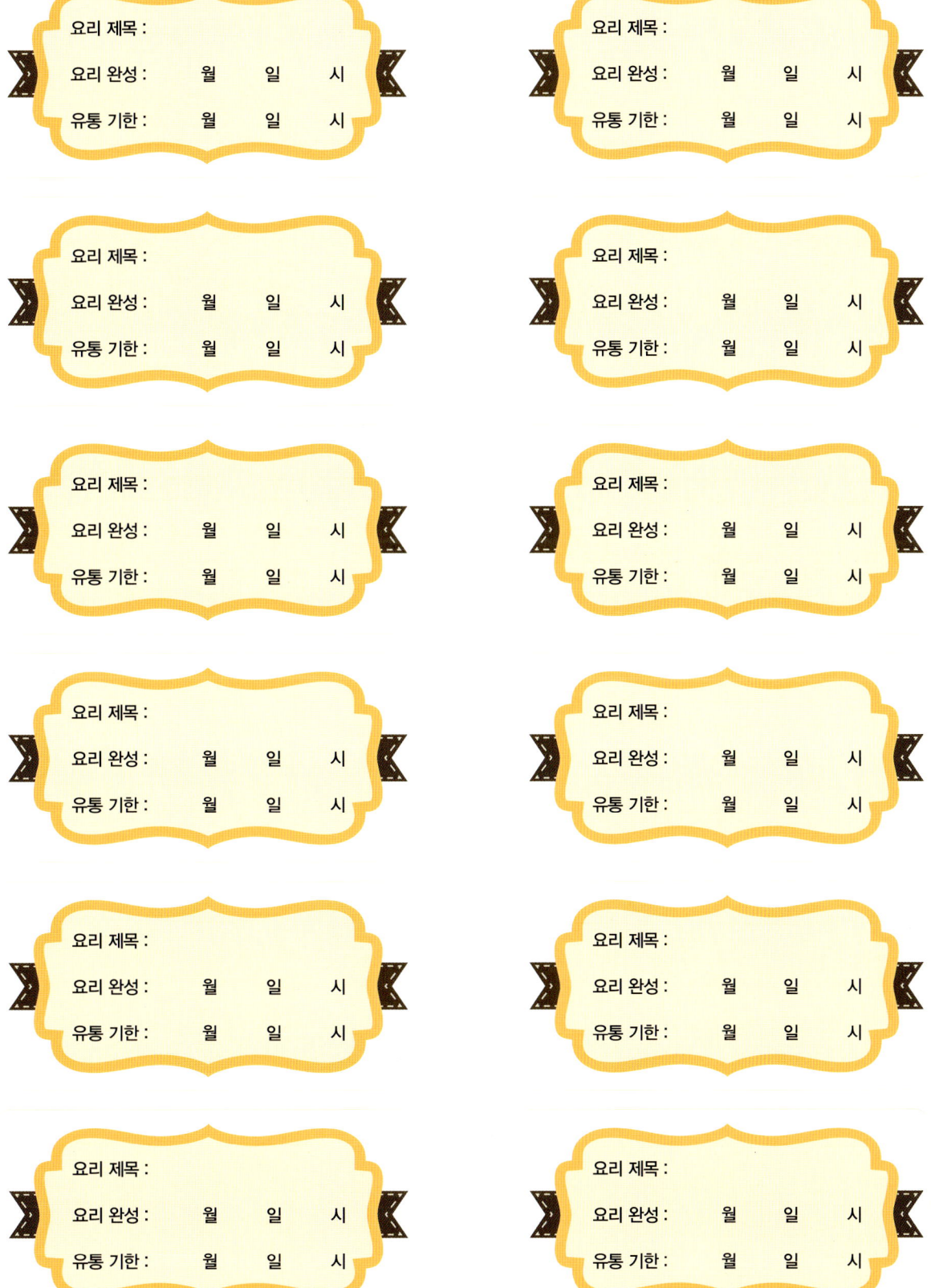

완성된 요리에 스티커를 붙여 깔끔하게 포장해 주세요.

요리 제목 :

요리 완성 :   월   일   시

유통 기한 :   월   일   시

요리 제목 :

요리 완성 :   월   일   시

유통 기한 :   월   일   시

요리 제목 :

요리 완성 :   월   일   시

유통 기한 :   월   일   시

요리 제목 :

요리 완성 :   월   일   시

유통 기한 :   월   일   시

요리 제목 :

요리 완성 :   월   일   시

유통 기한 :   월   일   시

요리 제목 :

요리 완성 :   월   일   시

유통 기한 :   월   일   시

요리 제목 :

요리 완성 :   월   일   시

유통 기한 :   월   일   시

요리 제목 :

요리 완성 :   월   일   시

유통 기한 :   월   일   시

요리 제목 :

요리 완성 :   월   일   시

유통 기한 :   월   일   시

요리 제목 :

요리 완성 :   월   일   시

유통 기한 :   월   일   시

요리 제목 :

요리 완성 :   월   일   시

유통 기한 :   월   일   시

요리 제목 :

요리 완성 :   월   일   시

유통 기한 :   월   일   시